应用型本科　机电类专业“十三五”规划教材

电工技术实训教程

主　编　陈美玲　沙　春

副主编　吴庆波　戎新萍　吴金文

齐　虹　朱铝芬　张　云

西安电子科技大学出版社

内容简介

本书是根据高等院校“电工技术”课程教学大纲、结合编者多年的教学实践经验编写而成。全书分4章：前两章为基础部分，主要介绍电工仪表及测量的基本知识、电工仪器仪表的使用；后两章为实验部分，包括电工技术的基础实验和综合实验两大模块，实验均从原理出发设计内容，旨在使学生掌握科学研究过程中实际操作的基本方法，提高学生运用所学知识解决实际问题的能力。附录中整理了电工电子实验中心的实验教学要求以及基本电工实验台的结构与主要功能，方便学生在课堂实际操作中查阅。

本书可作为高等院校电类、非电类专业“电工技术”课程的实验教材，也可供有关工程技术人员参考。

图书在版编目(CIP)数据

电工技术实训教程/陈美玲，沙春主编. 一西安：西安电子科技大学出版社，2018.8

ISBN 978-7-5606-4939-9

Ⅰ. ①电… Ⅱ. ①陈… ②沙… Ⅲ. ①电工技术—教材 Ⅳ. ①TM

中国版本图书馆CIP数据核字(2018)第117891号

策划编辑 马 琼

责任编辑 宁晓蓉 马乐惠

出版发行 西安电子科技大学出版社(西安市太白南路2号)

电 话 (029)88242885 88201467 邮 编 710071

网 址 www.xduph.com 电子邮箱 xdupfxb001@163.com

经 销 新华书店

印刷单位 陕西华沐印刷科技有限责任公司

版 次 2018年8月第1版 2018年8月第1次印刷

开 本 787毫米×960毫米 1/16 印张 13

字 数 260千字

印 数 1～3000册

定 价 28.00元

ISBN 978-7-5606-4939-9/TM

XDUP 5241001-1

＊＊＊如有印装问题可调换＊＊＊

本社图书为激光防伪覆膜，谨防盗版。

前　言

近年来，国内高等院校的教师和实验技术人员在电工技术实验内容设置及实验方法方面做了很多的努力，但随着科学技术的不断发展和进步，电工技术实验与实践教学方面仍有许多需要不断探索的地方。本书以基础实验和综合实验分流分层的形式编写，学生可以根据实验教学的学时安排及自身能力选择性地完成。

本书根据高等院校教育教学改革的要求，参考相关优秀实践教学教材，增添了电工仪表测量的章节，强化了基础实验教学内容，加大了综合实验教学的深度。

全书共分4章，从电工仪表及测量的基本知识开始讲起，逐步深入介绍基本电工仪表的使用方法。本书以目前广泛使用的电工理论教材和经典实验为载体，分别从基础实验和综合实验两方面着手，从原理出发设计实验内容，辅助学生掌握科学研究过程中实际操作的基本方法，进一步验证和巩固理论知识。

本书由陈美玲、沙春任主编，吴庆波、戎新萍、吴金文、齐虹、朱铝芬、张云任副主编。在编写过程中，编者参考借鉴了众多同类优秀教材，受益匪浅。另外，很多从事“电路原理”课程教学的前辈和同行也给予了大量的支持，在此一并表示衷心的感谢！

由于编者水平有限，书中难免有疏漏和不足之处，敬请读者批评指正。

编　者

2017年12月

目　　录

第 1 章　电工仪表及测量的基本知识

电磁现象看不见、听不到、摸不着，只能依靠仪表才能发现、控制和调节，电工仪表是电力工业的眼睛。在电能的生产、传输、分配和使用等各个环节中，都需要通过电工仪表对系统的运行状态(如电能质量、负荷情况等)加以监测，从而保证系统安全而又经济地运行，所以人们常把电工仪表和测量称作电力工业的眼睛和脉搏。电工仪表和测量技术是从事电气工作的技术人员必须掌握的一门学科。本章主要介绍电工仪表及测量的基本知识。

1.1　电工测量的基本知识

电路中的各个物理量(如电压、电流、功率、电能及电路参数等)的大小，除用分析与计算的方法外，常用电工测量仪表去测量。电工测量就是指将被测的电量或磁量直接或间接地与作为测量单位的同类物理量进行比较，以确定被测电量或磁量的过程。进行电工测量时，必须考虑测量对象、测量设备及测量方法三个方面的问题。

1. 测量对象

电工测量的对象主要包括反映电和磁特征的物理量(如电流、电压、电功率、电能及磁感应强度等)、反映电路特征的物理量(如电阻、电容、电感等)以及反映电和磁变化规律的物理量(如频率、相位、功率因数等)。

2. 测量设备

测量设备分为两类。一类是度量器，它们是测量单位的实物样品。测量时以度量器为标准，将被测量与度量器比较，从而获得测量结果。根据准确度等级的不同，度量器分为标准器和有限准确度的度量器。标准器是测量单位的范型度量器，它保存在国际上特许的实验室或国家法定机构的实验室中；有限准确度的度量器其准确度比标准器低，是常用的范型量具及范型测量仪表，如标准电池、标准电阻、标准电感和标准电容等。另一类是测量仪表、仪器，其准确度比有限准确度的度量器低，被广泛用于实验室和工程测试中。

3. 测量方法

对于测量方法，有不同的分类标准。按获得测量结果的过程可分为直接测量法、间接测量法和组合测量法；按所用仪表、仪器可分为直读测量法、比较测量法。

1）按获得测量结果的过程分类

（1）直接测量法。直接用仪表、仪器进行测量，结果可以由实验数据直接得到的方法称为直接测量法。例如，用电压表测量电压、用电桥测量电阻值等，均属于直接测量法。直接测量法具有简便、读数迅速等优点，但是它的准确度受到仪表基本误差的限制，此外，仪表接入测量电路后，其内阻被引入测量电路中，使电路和工作状态发生了改变，因此，直接测量法的准确度比较低。

（2）间接测量法。利用被测量与某种中间量之间的函数关系，先测出中间量，然后通过计算公式算出被测量的值，这种方法称为间接测量法。例如，用伏安法测电阻，先测出电阻的电压和电流，然后用 $R=U/I$ 算出电阻的值。间接测量法的误差比较大，但在工程中的某些场合，如果对准确度的要求不高，进行估算时，间接测量法还是一种可取的测量方法。

（3）组合测量法。先直接测量与被测量有一定函数关系的某些量，然后在一系列直接测量的基础上，通过联立求解各函数关系来获得测量结果的方法称为组合测量法。例如，要测量电阻温度系数 α、β 及 R_{20}，它们之间的关系为

$$R_t=R_{20}[1+\alpha(t-20)+\beta(t-20)^2]$$

测量时，先分别在 t_1、t_2、t_3 三个温度下测出相应的电阻值 R_{t1}、R_{t2}、R_{t3}，然后按上述公式列出三个方程，联立求解即可求出电阻的 α、β 及 R_{20}。

2）按所用仪表、仪器分类

（1）直读测量法（直读法）。直接从仪表、仪器读出测量结果的方法称为直读测量法，它是工程中应用最广泛的一种测量方法。测量过程中，度量器不直接参与作用，它的准确度取决于所使用的仪表、仪器的准确度，因而准确度并不很高。例如，用电流表测量电流、用功率表测量功率等，均属于直读测量法。直读测量法的优点是设备简单、操作简便，缺点是测量准确度不高。

（2）比较测量法。在测量过程中，将被测量与标准量（又称为度量器）直接进行比较，从而获得测量结果的方法称为比较测量法。这种方法用于高准确度的测量。根据被测量与标准量比较方式的不同，比较测量法可分为以下几种：

① 零值法。零值法又称指零法。它是将被测量与标准量进行比较，使两者之间差值为零，从而求得被测量的一种方法。例如，用电位差计测量电动势、用电桥测量电阻，都属于零值法。零值法就好像用天平称物体的质量一样，当指针指零时表明被测物体的质量与砝码的质量相等，再根据砝码的标示质量便可得知被测物体的质量数值。可见，用零值法测量的准确度主要取决于度量器的准确度与指零仪表的灵敏度。

② 差值法。差值法是通过测量标准量与被测量的差值，从而求得被测量的一种方法。

这种方法可以达到较高的测量准确度。

③ 替代法。替代法是把被测量与标准量分别接入同一测量仪器，且通过调节标准量，使仪器的工作状态在替代前后保持一致，然后根据标准量确定被测量的值。这种测量方法由于替代前后测量仪器的状态不改变，仪器本身的内部特性和外界条件对前后两次测量的影响几乎是相同的，测量结果与仪器本身的准确度无关，只取决于替代的标准量，因而这是一种极其准确的测量方法。例如，用电桥测量某电阻 R_x，调节电桥使之平衡，取下 R_x，再接入可调标准电阻箱，不调节电桥，只改变电阻箱的阻值，使电桥平衡，此时电阻箱的阻值即是被测电阻 R_x 的阻值，用这种方法测得的 R_x 与电桥准确度无关。

综上所述，直读法与直接测量法，比较测量法与间接测量法，彼此并不相同，但又互有交叉。实际测量中采用哪种方法，应根据对被测量的准确度要求以及实验条件是否具备等多种因素来确定。例如测量电阻，当对测量准确度要求不高时，可以用万用表直接测量或伏安法间接测量，它们都属于直读法；但当对测量准确度要求较高时，则用电桥法进行直接测量，它属于比较测量法。

另外，测量方法还可以按不同的测量条件分为等精度测量与非等精度测量；按被测量在测量过程中的状态不同分为静态测量与动态测量；按测量元件是否与被测介质接触分为接触式测量和非接触式测量。

4. 测量仪表的基本功能

测量过程实际上是能量的变换、传递、比较和显示的过程。因此，仪表、仪器应具有变换、选择、比较和显示这四种功能。

变换功能：把规定的被测量按照一定的规律转变成便于传输或处理的另一种物理量的过程。

选择功能：可选择有用的、规定的信号，而抑制其他一切无用的信号。

比较功能：用于确定被测量对标准量的倍数。

显示功能：测量仪表的基本功能之一。

5. 测量仪表的静态特性

1）仪表的静态特性

在测量过程中，当输入信号 x 不随时间变化（$dx/dt=0$），或者 x 随时间变化很缓慢时，输出信号 y 与输入信号 x 之间的函数关系称为仪表的静态特性。仪表的静态特性可用高阶多项式代数方程表示为

$$y=a_0+a_1x_1+a_2x^2+a_3x^3+\cdots+a_nx^n \tag{1-1}$$

式中：x 为输入信号；y 为输出信号；a_0 为零位输出或零点迁移量；a_1 为仪表的灵敏度；a_2，a_3，…，a_n 为非线性项的待定系数。

2）静态特性指标

表征仪表静态特性的指标有灵敏度、线性度、滞环和重复性。

（1）灵敏度。灵敏度是指被测仪表在稳态下输出变化量与输入变化量之比，即

$$S=\frac{dy}{dx} \tag{1-2}$$

它是仪表静态特性曲线上各点切线的斜率。测量仪表的灵敏度可分为三种情况，如图 1－1 所示。图 1－1(a)的灵敏度为常数，图 1－1(b)的灵敏度随被测量 x 的增加而增加，图 1－1(c)的灵敏度随被测量 x 的增加而减小。

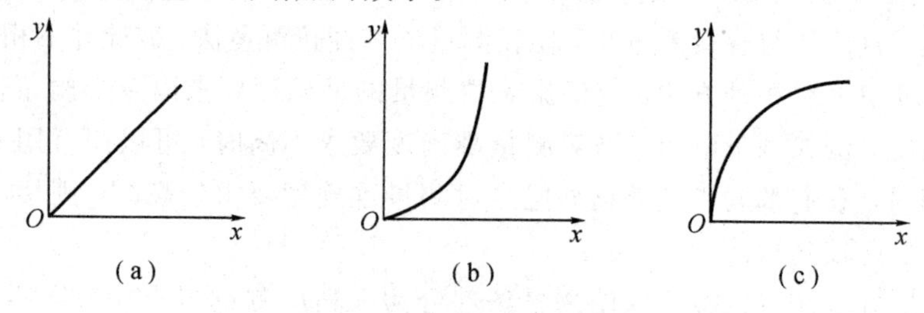

图 1－1　测量仪表的灵敏度

（2）线性度。线性度又称非线性误差，是指仪表的实际静态特性曲线偏离其拟合直线（有时也称理论直线）的程度。将仪表输出起始点与满量程点连接起来的直线作为拟合直线，这条直线称为端基理论直线。线性度的计算公式如下：

$$\gamma_L=\frac{\Delta_{Lmax}}{y_{max}-y_{min}}\times 100\% \tag{1-3}$$

式中：γ_L 为线性度；Δ_{Lmax} 为仪表实际特性曲线与拟合直线之间的最大偏差。

（3）滞环。滞环表示仪表的正向（上升）和反向（下降）特性曲线的不一致程度，用滞环误差来表示，如图 1－2 所示。滞环误差主要由于仪表内部弹性元件、磁性元件和机械部件

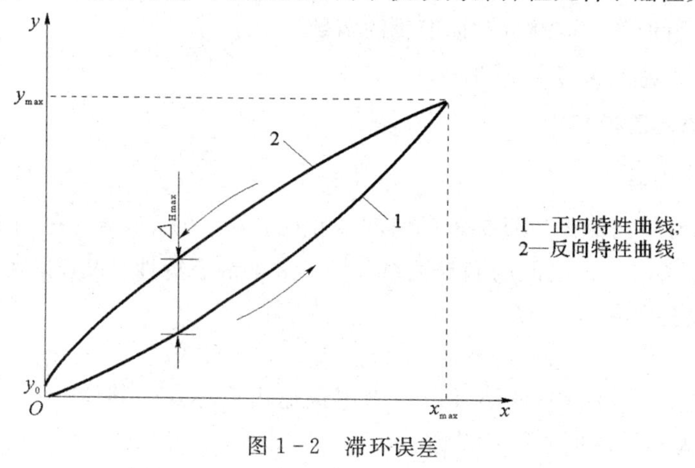

图 1－2　滞环误差

的摩擦、间隙以及积尘等原因而产生。滞环误差的计算公式如下：

$$\gamma_H = \frac{\Delta_{Hmax}}{y_{max} - y_{min}} \times 100\% \tag{1-4}$$

式中：γ_H 为滞环误差；Δ_{Hmax}为仪表正向和反向特性曲线之间的最大偏差。

（4）重复性。重复性是指仪表在输入量按同一方向做全量程连续多次变化时，所得静态特性曲线不一致的程度，也用重复性误差来表示，如图 1-3 所示。特性曲线偏差越小，重复性越好，重复性误差越小。重复性误差的计算公式如下：

$$\gamma_R = \frac{\Delta_{Rmax}}{y_{max} - y_{min}} \times 100\% \tag{1-5}$$

式中：γ_R 为重复性误差；Δ_{Rmax}为仪表连续多次测量所得的静态特性曲线之间的最大偏差。

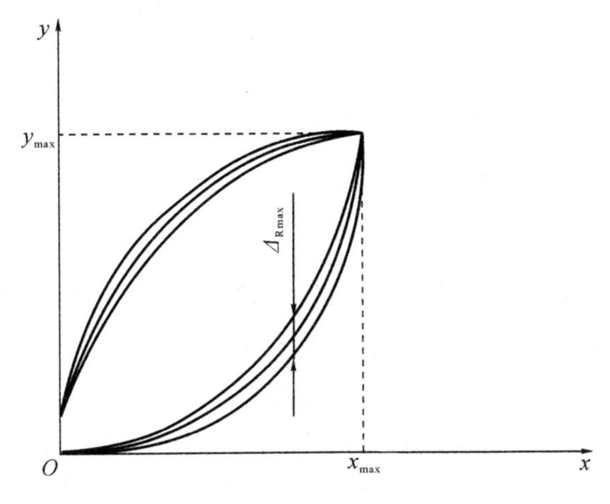

图 1-3　重复性误差

1.2　测量误差及准确度

测量误差是指测量结果与被测量的真实值之间存在的差异。任何测量都要力求准确，但是，环境因素、仪表本身的准确程度、测量方法的不完善、测量人员操作技能和经验不足以及人的感官差异等因素都会使测量结果产生不同程度的误差。

误差虽然在实际测量工作中是不可避免的，但研究分析产生误差的原因，并采用合理有效手段将误差消除或减小到与测量误差要求相适应的程度是十分必要的。从不同的角度出发，测量误差有多种分类方法。

1.2.1　基本误差和附加误差

根据误差产生的原因，误差可分为基本误差和附加误差。

1. 基本误差

基本误差是指仪表在规定的工作条件下，即在规定的温度、湿度、放置方式、没有外电场和磁场干扰等条件下，由于仪表本身结构和工艺等方面不够完善而产生的误差。仪表基本误差的允许值叫做仪表的“最大允许绝对误差”。由于仪表活动部分存在摩擦、零件装配不当、标尺刻度不准等所引起的误差都属于基本误差，这种误差是仪表本身所固有的。

2. 附加误差

附加误差是指仪表因偏离了规定的工作条件而产生的误差。如温度过高、波形非正弦、外界电磁场的影响等所引起的误差都属于附加误差。因此，仪表离开规定的工作条件(如温度、湿度、振动、电源电压、频率等)所形成的总误差中，除了基本误差之外，还包含附加误差。在使用仪表时，应尽量满足仪表限定的工作条件，以防产生附加误差。

1.2.2 绝对误差、相对误差和引用误差

根据误差的表示方法，误差可分为绝对误差、相对误差和引用误差三大类。

1. 绝对误差 Δ

仪表的指示值 A_x 与被测量的真值之间的差值，称为绝对误差，用 Δ 表示，即

$$\Delta = A_x - A_0 \tag{1-6}$$

“真值”虽然客观存在，但绝对真值是不可测得的。由式(1-6)可以看出，Δ 是有大小、正负、单位的数值。其大小和符号表示了测量值偏离真值的程度和方向。

由于被测量的真值 A_0 很难确定，所以实际测量中，通常把准确度等级高的标准仪表所测得的数值或通过理论计算得出的数值作为真值。

【例 1-1】 某电路中的电流为 20 A，用甲电流表测量时的读数为 19.8 A，用乙电流表测量时的读数为 20.4 A。试求两次测量的绝对误差。

解 由式(1-6)可知，甲表测量的绝对误差为

$$\Delta_1 = I_x - I_0 = 19.8 - 20 = -0.2\ \text{A}$$

乙表测量的绝对误差为

$$\Delta_2 = I_x - I_0 = 20.4 - 20 = 0.4\ \text{A}$$

由于 $|-0.2| < |0.4|$，所以甲表的读数要比乙表更为准确。因此，在测量同一量值时，绝对误差的绝对值越小，测量结果就越准确。

2. 相对误差

某采购员分别在三家商店购买 100 kg 大米、10 kg 苹果、1 kg 巧克力，发现均缺少 0.5 kg，也就是说绝对误差都是相同的，但该采购员对卖巧克力的商店意见最大，是何原因?

因为当测量不同量值时，用绝对误差有时很难准确判断测量结果的准确程度。例如，用一个电压表甲测量 200 V 电压，绝对误差为+1 V；而用另一个电压表乙测量 20 V 电压，绝对误差为+0.5 V。前者的绝对误差大于后者，但前者的误差只占被测量的 0.5%，而后者的误差却占被测量的 2.5%，因而，后者误差对测量结果的影响大于前者。所以在工程上常采用相对误差来表示测量结果的准确程度。

绝对误差 Δ 与被测量真值 A_0 之比的百分数，称为相对误差，用 γ 表示，即

$$\gamma=\frac{\Delta}{A_0}\times 100\% \tag{1-7}$$

与前述同理，实际测量中通常用标准表所测得的数值或通过理论计算得出的数值作为被测量的真值。另外，在要求不太高的工程测量中，相对误差常用绝对误差与仪表指示值之比的百分数来表示，即

$$\gamma=\frac{\Delta}{A_x}\times 100\% \tag{1-8}$$

由计算结果可知，虽然甲表的绝对误差比乙表大，但其相对误差却比乙表小，故甲表比乙表的测量准确程度高。

3. 引用误差

相对误差虽可以表示测量结果的准确程度，但不能全面表征仪表本身的准确程度。同一只仪表，在测量不同的被测量 A_x 时，其绝对误差 Δ 变化不大，但由式(1-8)可看出，随被测量 A_x 的不同，相对误差变化较大，也就是说仪表在全限范围内各点的相对误差是不相同的，因此相对误差不能反映仪表的准确程度。为此，工程上采用引用误差来确定仪表的准确程度。

绝对误差与规定的基准值比值的百分数，称为引用误差，用 γ_m 表示，有时引用误差也称为满度相对误差。不同类型标度尺的电测量指示仪表，其基准值不同，引用误差的计算公式也不同。

(1) 对于大量使用的单向标度尺仪表，基准值为量程，引用误差 γ_m 为绝对误差 Δ 与仪表上量限 A_m 比值的百分数，即

$$\gamma_m=\frac{\Delta}{A_m}\times 100\% \tag{1-9}$$

(2) 对于双向标度尺仪表，其基准值仍是量程，引用误差 γ_m 为绝对误差 Δ 与正负两个量限绝对值之和的比值的百分数，即

$$\gamma_m=\frac{\Delta}{|+A_m|+|-A_m|}\times 100\% \tag{1-10}$$

(3) 对于无零位标度尺仪表，引用误差 γ_m 为绝对值误差 Δ 与上、下量限 A_{1m}、A_{2m}之差的比值的百分数，即

$$\gamma_{m}=\frac{\Delta}{A_{1m}-A_{2m}}\times 100\% \tag{1-11}$$

(4) 对于标度尺为对数、双曲线或指数为3及3以上的仪表，或标度尺上量限为无穷大(如万用表欧姆挡)的仪表，基准值为标度尺长，引用误差γ_m为用长度表示的绝对误差Δ_l与标度尺工作部分长度l_m比值的百分数，即

$$\gamma_{m}=\frac{\Delta_{l}}{l_{m}}\times 100\% \tag{1-12}$$

1.2.3 系统误差、随机误差和粗大误差

根据产生测量误差的原因，可以将其分为系统误差、随机误差和粗大误差三大类。

1. 系统误差

1) 系统误差的定义及特点

在相同的条件下，多次测量同一量时，误差的大小及符号均保持不变或按一定规律变化，这种误差称为系统误差。其特点如下：

(1) 系统误差是一个非随机变量，是固定不变的，或是一个确定的时间函数。即系统误差的出现不服从统计规律，而服从确定的函数规律。

(2) 重复测量时，系统误差具有重现性。对于固定不变的系统误差，重复测量时误差也是重复出现的。系统函数为时间函数时，它的重现性体现在当测量条件实际相同时，误差可以重现。

(3) 可修正性。系统误差的重现性，就决定了它是可以修正的。

2) 消除系统误差的方法

系统误差主要是由于测量设备不准确或有缺陷、测量方法不完善、周围环境条件不稳定或实验人员各人习惯(如偏视)等因素造成的。在测量中要做到没有系统误差是不容易的，也是不现实的。因而根据测量中的实际情况进行具体分析发现系统误差，采取技术措施防止或消除系统误差是十分必要的。消除系统误差的常用方法有以下几种。

(1) 消除误差根源：如选用适当、精良的仪表；选择正确的测量方法；改善测量环境，尽量使仪表在规定的使用条件下工作；提高实验人员的技术水平等。

(2) 利用校正值得到被测量的实际值。在精密测量过程中常常使用校正值，所谓校正值，就是被测量的真值A_0(即标准仪表读数)与仪表读数A_x之差，用δ_r表示，即

$$\delta_{r}=A_{0}-A_{x} \tag{1-13}$$

由式(1-13)可知，校正值在数值上等于绝对误差，但符号相反，即

$$\Delta=A_{x}-A_{0}=-\delta_{r} \tag{1-14}$$

如果在测量之前能预先求出测量仪表的校正值，或给出仪表校正后的校正曲线或校正表格，那么就可以从仪表读数与校正值求得被测量的真值，即

$$A_0 = A_x + \delta_r \tag{1-15}$$

（3）采取特殊测量方法。

① 替代法。这种方法是将被测量用已知量来代替，替代时使仪表的工作状态保持不变。这样，由于仪表本身的不完善和外界因素的影响对测量结果不产生作用，因此测量结果与仪器本身的准确度无关，从而消除了系统误差。

② 正负误差补偿法。适当安排实验，使某项系统误差在测量结果中一次为正、一次为负，再取其平均值，便可消除系统误差。例如，为了消除外磁场对电流表读数的影响，可在一次测量之后，将电流表转动 180°再测一次，在两次测量中，必然出现一次读数偏大、另一次读数偏小的情况，取两次读数的平均值作为测量结果，便可消除外磁场带来的系统误差。

2. 随机误差

1）随机误差的定义及特点

在相同条件下，多次测量同一量值时，误差的大小和符号均发生变化，没有什么规律可循，这种误差称为随机误差，也称为偶然误差。就个体而言，此误差是不确定的，但其总体服从统计规律。随机误差是由一些偶发性的原因引起的，大小、符号都不能确定，是由很多复杂因素的微小变化的总和所引起。电源电压或频率的偶然波动、电磁场与温度的瞬间变化、测量人员的心理或生理的某些变化等都可能引起随机误差。

单次测量的随机误差是没有规律可言的，但多次测量出现的随机误差却有以下特征：

（1）有界性。一定测量条件下，随机误差的绝对值不超过一定界限。

（2）单峰性。绝对值小的误差出现的机会多于绝对值大的误差。

（3）对称性。当测量次数足够多时，正随机误差和负随机误差出现的机会基本相等。

（4）抵偿性。将全部误差相加时，其值相互抵消。

2）消除随机误差的方法

随机误差和系统误差不同，不可能通过实验方法加以消除，但通过分析其特征可加以克服。由于随机误差服从正态分布规律，因此在实际测量时常采用增加测量次数并应用统计学的方法来处理。在工程上常常对被测量进行多次重复测量，求出其算术平均值，并将它作为被测量的真值，从而消除单次测量可能存在的随机误差，即

$$A_0 = \overline{A} = \frac{\sum_{i=1}^{n} A_i}{n} \tag{1-16}$$

式中：A_i 为每次测量值；A_0 为真值；$\overline{A}$ 为算术平均值；n 为测量次数。

用这种方法消除随机误差，其测量次数必须足够多，如果次数不足，则 $\overline{A}$ 与 A_0 仍然可能有偏离，其偏离程度可以用标准差 σ_x 表示，即

$$A_0=\overline{A}\pm\sigma_x \tag{1-17}$$

根据概率论原理，标准差可以从均方根误差 σ 或剩余误差求出，其表达式为

$$\sigma_x=\frac{\sigma}{\sqrt{n}}=\sqrt{\frac{V_1^2+V_2^2+\cdots+V_n^2}{n(n-1)}} \tag{1-18}$$

式中：σ 为均方根误差，设每次测量的随机误差 $\delta_i=A_i-A_0$，则

$$\sigma=\sqrt{\frac{\delta_1^2+\delta_2^2+\cdots+\delta_n^2}{n}} \tag{1-19}$$

V_i 为剩余误差，它等于每次测量值与算术平均值之差，即

$$V_i=A_i-\overline{A} \tag{1-20}$$

从式(1-18)中可以证明

$$\sigma=\sqrt{\frac{V_1^2+V_2^2+\cdots+V_n^2}{n-1}} \tag{1-21}$$

应该指出，用算术平均值表示测量结果，首先要消除系统误差，因为当有系统误差存在时，测量次数尽管足够多，算术平均值也不可能接近被测量真值。另外，由式(1-18)可知，测量结果的标准差与测量次数有关，随着测量次数的增加，σ_x 减小，但因标准差与 $\sqrt{n(n-1)}$ 成反比，故随着 n 的增加，σ_x 值减小得越来越慢，所以在实际测量中，测量次数取十余次即可。

例如，对某一电压进行了15次测量，求得其算术平均值为20.18 V，并算出均方根误差为0.34 V，标准差 $\sigma_x=\frac{0.34}{\sqrt{15}}=0.09$ V，由此可写出其测量结果为

$$A_0=\overline{A}\pm\sigma_x=20.18\pm0.09\ \text{V}$$

现在常用的电子计算器都有计算算术平均值和随机误差的功能，计算起来十分方便。

应当注意，系统误差和随机误差是两类性质完全不同的误差。系统误差反映在一定条件下误差出现的必然性；而随机误差反映在一定条件下误差出现的可能性。在误差理论中，经常用准确度来表示系统误差的大小。准确度就是对同一被测量进行多次测量，测量值偏离被测量真值的程度。系统误差越小，测量结果的准确度就越高。精密度反映随机误差的大小。精密度就是对同一被测量进行多次测量，测量值重复一致的程度。随机误差越小，精密度就越高。精确度则反映系统误差和随机误差的综合结果。精确度越高，则说明系统误差和随机误差均很小。

3. 粗大误差

粗大误差是一种严重偏离测量结果的误差，又称疏忽误差。这种误差是由于实验者粗

心、不正确操作和实验条件的突变等原因引起的。例如，读数错误、记录错误所引起的误差都属于疏忽误差。由于包含疏忽误差的实验数据是不可信的，所以应该舍弃不用。凡是剩余误差大于均方根误差 3 倍以上的数据，即 $|A-\overline{A}|>3\sigma$ 的数据都认为是包含疏忽误差的数据，应予以剔除。但应注意，剔除了含疏忽误差的数据后，应重新计算平均值，重新计算每个数据的均方根误差，并重新判断剩下的数据中有无疏忽误差，直至全部数据的 $|A-\overline{A}|$ 超过 3σ 为止。

1.2.4 仪表的准确度

仪表的准确度是表征其指示值与真值接近程度的量。

1. 电测量指示仪表的准确度

对于电测量指示仪表，工程上规定用最大引用误差来表示仪表的准确度，即在引用误差的表达式中，Δ 取仪表的最大绝对误差值 Δ_m 时，计算得到的引用误差称为仪表的准确度，即

$$\pm K\% = \frac{\Delta_m}{A_m} \times 100\% \tag{1-22}$$

式中 K 为仪表的准确度等级(指数)。

显然，仪表的准确度表明了基本误差的最大允许范围。例如，准确度为 0.1 级的仪表，其基本误差极限(即允许的最大引用误差)为±0.1%。仪表的准确度等级越高，则其基本误差越小。

我国对不同的电表规定了不同的准确度等级，如电流表和电压表准确度等级分为 0.05、0.1、0.2、0.3、0.5、1、1.5、2、2.5、3、5 等 11 级；功率表和无功功率表分为 0.05、0.1、0.2、0.3、0.5、1、1.5、2、2.5、3.5 等 10 级；相位表和功率因数表分为 0.1、0.2、0.3、0.5、1.0、1.5、2.0、2.5、3.0、5.0 等 10 级；电阻表(阻抗表)分为 0.05、0.1、0.2、0.5、1、1.5、2、2.5、3、5、10、20 等 12 级。通常 0.05、0.1、0.2 级仪表作为标准表使用，用以鉴定准确度较高的仪表；0.5、1、1.5 级仪表主要用于实验室；准确度更低的仪表主要用于现场。

仪表的准确度等级标志符号通常都标注在仪表的盘面上。

【例 1-2】 已知某电流表量程为 100 A，且该表在全量程范围内的最大绝对误差为 +0.83 A，则该表的准确度为多少？

解 因准确度等级是以最大引用误差来表示的，且电流表等级按国标分为 11 级，而该表的最大引用误差为 0.83%，此值大于 0.5 级而小于 1.0 级，故该表的准确度等级应为 1.0 级。

由仪表的准确度等级，可以算出测量结果可能出现的最大绝对误差与最大相对误差。

例如，已知仪表的准确度等级为 K，则由式(1-22)可知，仪表在规定工作条件下测量时，测量结果中可能出现的最大绝对误差为

$$\Delta_{\mathrm{m}}=\pm K\%\cdot A_{\mathrm{m}} \tag{1-23}$$

最大相对误差为

$$\gamma_x=\frac{\Delta_{\mathrm{m}}}{A_x}\times100\%=\pm K\%\cdot\frac{A_{\mathrm{m}}}{A_x} \tag{1-24}$$

【例 1-3】 某压力表的准确度为 2.5 级，量程为 0～1.5 MPa。求：

(1) 可能出现的最大满度相对误差 γ_{m}；

(2) 可能出现的最大绝对误差 Δ_{m}；

(3) 当测量结果显示为 0.70 MPa 时，可能出现的最大示值相对误差 γ_x。

解 (1) 可能出现的最大满度相对误差可以从准确度等级直接得到，即

$$\gamma_{\mathrm{m}}=\pm2.5\%$$

(2) $\Delta_{\mathrm{m}}=\pm K\%\cdot A_{\mathrm{m}}=\pm2.5\%\times1.5\ \mathrm{MPa}=\pm0.0375\ \mathrm{MPa}=\pm37.5\ \mathrm{kPa}$

(3) $\gamma_x=\frac{\Delta_{\mathrm{m}}}{A_x}\times100\%=\frac{\pm0.0375}{0.70}\times100\%=\pm5.36\%$

【例 1-4】 现有准确度为 0.5 级、量程为 0～300℃和准确度为 1.0 级、量程为 0～100℃的两个温度计，要测量 80℃的温度，问采用哪一个温度计好？

解 用 0.5 级的温度计进行测量时可能出现的最大示值误差为±1.88%，而用 1.0 级的温度计进行测量时可能出现的最大示值误差为±1.25%，所以用 1.0 级的温度计比用 0.5 级的温度计更合适。

从上述例子可以看出，仪表的准确度并不等于测量的准确度，测量结果的绝对误差与所选择的仪表的准确度等级 K 及量程 A_{m} 均有关，而相对误差除与仪表的准确度等级 K 有关外，还与量程 A_{m} 和被测量 A_x 的比值有关，A_{m}/A_x 的比值越大，误差越大。因此，选择仪表时不能单纯追求准确度级别高的仪表，还应根据测量的要求，合理选择仪表的量程，尽可能使仪表指示值在标度尺分度的 2/3 以上范围。

2. 数字表的准确度

数字表的准确度是测量结果中系统误差和随机误差的综合。它表示测量结果与真值的一致程度，也反映测量误差的大小。一般而言，准确度越高，测量误差越小，反之亦然。数字表的准确度用绝对误差表示，通常有下列两种表示方法。

第一种表示方法：

$$\Delta=\pm\alpha\%\mathrm{rdg}\pm n\text{ 个字} \tag{1-25}$$

式中：rdg 为仪表指示值(读数)，为英文 reading 的缩写；$\pm\alpha\%$为相对误差，为构成数字表的转换器、分压器等产生的综合误差；$\pm n$ 个字指最末一位显示数码有$\pm n$ 个字的误差，为

绝对误差，n 是因数字化处理引起的误差反映在末位数字上的变化量。

如 DSX－1 型数字四用表，直流电压各挡的准确度(即允许的绝对误差)为±0.1%rdg ±1 个字。

第二种表示方法：将 n 个字的误差折合成满量程的百分数来表示，即

$$\Delta=\pm\alpha\%\text{rdg}\pm b\%\text{f. s} \tag{1-26}$$

式中：$b\%$为满度误差系数；f. s 为仪表满度(量程)值，为英文 full span 的缩写。

式(1－25)和式(1－26)都是把绝对误差分为两部分，前一部分(±α%rdg)为可变部分，称为“读数误差”，后一部分(±n 个字及±b%f. s)为固定部分，不随读数而改变，为仪表所固有的，称为“满度误差”。显然，固定部分与被测量 rdg 的大小无关。对于式(1－26)，用仪表测量某一电压 rdg 时的相对误差为

$$\gamma_x=\frac{\Delta}{\text{rdg}}=\pm\alpha\%\pm b\%\frac{\text{f. s}}{\text{rdg}} \tag{1-27}$$

【例 1－5】 已知某一数字电压表 $\alpha=0.5$，欲用 2 V 挡测量 1.999 V 的电压，其 Δ 和 $b\%$参数各为多少？

解　电压最小变化量 $n=0.001$，则

$$\Delta=\pm(0.5\%\times1.999+0.001)=\pm0.01099\ \text{V}\approx\pm0.011\ \text{V}$$

因为 $b\%\text{f. s}=n$，所以

$$b\%=\frac{n}{\text{f. s}}=\frac{0.001}{2}=0.0005=0.05\%$$

1.3　电工仪表的基本原理与组成

进行电量、磁量及电路参数测量所需的仪器仪表统称电工仪表。电工仪表结构简单、使用方便，并有足够的精确度，可以灵活地安装在需要进行测量的地方，实现自动记录，而且还可以实现远距离测量及非电量测量。

1.3.1　电工仪表的分类

电工仪表种类繁多，按其结构、原理和用途大致可分为下面几类。

1. 电测量指示仪表

电测量指示仪表又称为直读仪表。这种仪表的特点是先将被测量转换为可动部分的角位移，然后通过可动部分的指示器在标尺上的位置直接读出被测量的值。如交直流电压表、电流表、功率表都属于电测量指示仪表。电测量指示仪表有以下几种分类方法：

(1) 根据测量机构的工作原理，可以把仪表分为电磁系、磁电系、电动系、感应系、静

电系和整流系等。

(2) 根据测量对象，可以把仪表分为电流表(包括安培表、毫安表、微安表)、电压表(包括伏特表、毫伏表、微伏表、千伏表)、功率表(又称为瓦特表)、电度表、欧姆表、相位表等。

(3) 根据工作电流的性质，可以把仪表分为直流仪表、交流仪表及交直流两用仪表等。

(4) 根据使用方式，可以把仪表分为安装式仪表和可携带式仪表等。

(5) 根据使用条件，可以把仪表分为A、A1、B、B1和C五组。A组的工作环境为0～+40℃，相对湿度在85%以下；B组的工作环境为-20～+50℃，相对湿度在85%以下；C组的工作环境为-40～+60℃，相对湿度在98%以下。有关各仪表使用条件的规定可查阅国家标准GB/T 7676.1—2017《直接作用模拟指示电测量仪表及其附件》。

(6) 根据仪表防御外界电场或磁场的性能，可以把仪表分为Ⅰ、Ⅱ、Ⅲ、Ⅳ四个等级。Ⅰ级仪表在外磁场或外电场的影响下，允许其指示值改变±0.5%；Ⅱ级仪表允许改变±1.0%；Ⅲ级仪表允许改变±2.5%；Ⅳ级仪表允许改变±5.0%。

(7) 根据仪表的准确度等级，可以把仪表分为0.1、0.2、0.5、1.0、1.5、2.5和5.0共7个等级。

除上述分类方法外，还有其他的分类方法。

2. 比较仪器

比较仪器用于比较测量，其特点是在测量过程中，使用电桥、补偿等方法，将被测量与同类标准量进行比较，然后根据比较结果确定被测量的大小。它包括各类交直流电桥、交直流补偿式测量仪器。比较仪器测量准确度比较高，但这类仪器除需要仪表本体(如电桥、电位差计等)外，还需要检流设备、度量器等参与，且操作过程复杂，测量速度较慢。

3. 数字仪表

数字仪表也是一种直读式仪表，它的特点是将被测量转换成数字量，再以数字方式直接显示出测量结果。数字仪表的准确度高，读数方便，有些仪表还具有自动量程切换和编码输出，便于用计算机进行处理，容易实现自动测量。常用的数字仪表有数字式电压表、数字式万用表、数字式频率表等。

4. 记录仪表

记录仪表用来记录被测量随时间的变化情况，如示波器、$X-Y$记录仪。

5. 扩大量程装置和变换器

扩大量程的装置有分流器、附加电阻、电流互感器、电压互感器等。变换器是用来实现不同电量之间的变换，或将非电量转换为电量的装置。

1.3.2　电测量指示仪表的组成和基本原理

1. 组成

电测量指示仪表通常都由测量电路和测量机构两部分构成，其组成方框图如图 1－4 所示。

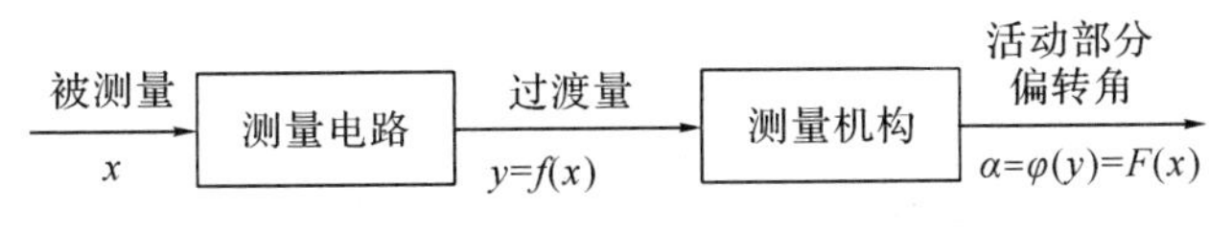

图 1－4　电测量指示仪表的组成

测量电路的作用是把被测量 x 转换为测量机构可以接受的过渡量 y，如电压表的附加电阻、电流表的分流电阻都是测量电路。测量电路通常由电阻、电感、电容或电子元件组成，不同仪表的测量电路是不同的。

测量机构(表头)是仪表的核心部件，各种系列仪表的测量机构都由固定部分及活动部分组成，其作用是将接收到的过渡量 y 变换为活动部分的角位移即偏转角 α。由于测量电路中的 x 和 y 与测量机构中的 y 和 α 能够严格保持一定的函数关系，所以根据偏转角的大小就可确定被测量的数值。

2. 测量机构的工作原理

为使测量机构的活动部分按接收到的被测量的大小偏转到某一相应的稳定位置，电测量指示仪表的测量机构工作时都具有三种力矩，即转动力矩、反作用力矩和阻尼力矩。

1）转动力矩

在被测量的作用下，使活动部分产生角位移的力矩称为转动力矩，用 $\boldsymbol{M}$ 表示。该力矩可以由电磁力、电动力、电场力或其他力来产生。产生转动力矩的方式原理不同，就构成磁电系、电磁系、电动系、感应系等不同系列的电测量指示仪表。但不论哪种系列的仪表，其转动力矩 $\boldsymbol{M}$ 的大小都与被测量成一定比例关系。

2）反作用力矩

在转动力矩的作用下，测量机构的活动部分发生偏转，如果没有反作用力矩与之平衡，则不论被测量有多大，活动部分都要偏转到极限位置，就像一杆不挂秤砣的秤，不论被测量多大，秤杆总是向上翘起，这样只能反映出有无被测量，而不能测出被测量的大小。为了使仪表能测出被测量的数值，活动部分偏转角的大小应与被测量大小有确定的关系。为此，需要一个方向总是和转动力矩相反、大小随活动部分的偏转角大小变化的力矩，这个力矩称为反作用力矩。

在一般仪表中，反作用力矩通常由游丝(即螺旋弹簧)产生，如图 1－5 所示。在灵敏度较高的仪表中，反作用力矩由张丝或吊丝产生。反作用力矩的大小 M_α 与活动部分的偏转角成正比，即

$$M_\alpha = D\alpha \tag{1-28}$$

式中：α 为偏转角；D 为常数，取决于游丝、吊丝或张丝的材料与尺寸。

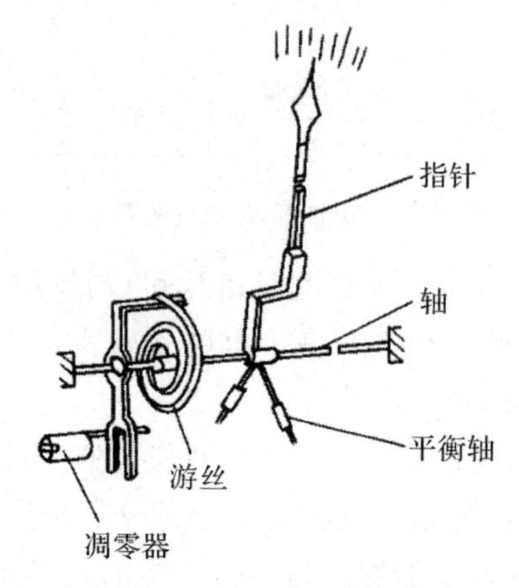

图 1－5　用游丝产生的反作用力矩装置

在转动力矩的作用下，活动部分开始偏转，使游丝扭紧，因而反作用力矩随之增加，当转动力矩和反作用力矩相等时，活动部分将处于平衡状态，偏转角达到一稳定数值。这时由于转动力矩的大小 M 与被测量值成一定的比例关系，因而偏转角与被测量值也成一定比例关系，所以偏转角的大小可表示被测量值的大小。

除了用游丝、张丝及吊丝产生反作用力矩外，也可用电磁力产生反作用力矩，如比率型仪表。

3）阻尼力矩

从理论上来讲，当转动力矩与反作用力矩相等时，仪表指针应静止在某一平衡位置，但由于活动部分具有惯性，它不能立刻停止下来，而是要围绕这个平衡位置左右摆动，需要经过较长时间才能稳定在平衡位置，因此不能尽快读数。为了缩短摆动时间，电测量指示仪表的测量机构通常都装有产生阻尼力矩的装置，用以吸收摆动能量，使活动部分能迅速地在平衡位置稳定下来。

阻尼力矩由阻尼器来产生，常用的阻尼器有空气式和磁感应式两种，如图 1－6 所示。空气阻尼器是利用一个与转轴相连的薄片在封闭的扇形阻尼盒内运动时，薄片因受到空气的阻力而产生阻尼力矩的，如图 1－6(a)所示；磁感应阻尼器是利用一个与转轴相连的铝片在永久磁铁气隙中运动时，铝片中产生的涡流与磁场作用而产生阻尼力矩的，如图 1－6(b)所示。

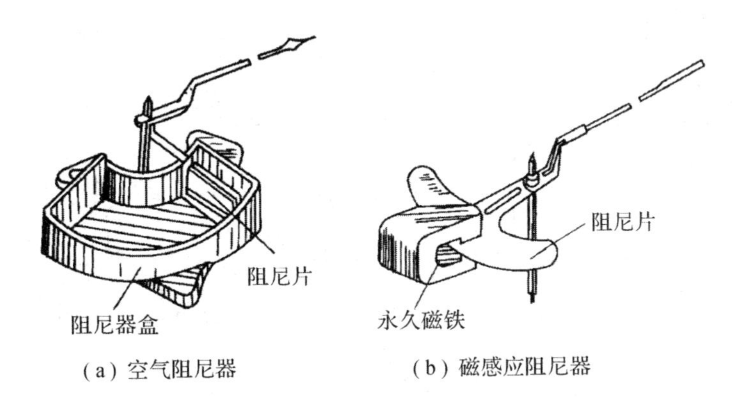

(a) 空气阻尼器　　(b) 磁感应阻尼器

图 1-6　常用的阻尼器

应当注意，阻尼力矩是一种动态力矩，它只在活动部分运动时才产生，其方向总是和活动部分的运动方向相反，大小与活动部分的运动速度成正比。当活动部分静止时，阻尼力矩为零，因而阻尼力矩的存在对仪表的指示值没有任何影响。

除以上三种力矩外，用轴承支持活动部分的仪表，不可避免地会因存在摩擦而产生摩擦力矩，它会在不同程度上阻碍活动部分的运动，使活动部分停在偏离真实平衡位置的地方，致使仪表指示产生误差。

1.3.3　电测量指示仪表的一般结构

电测量指示仪表种类繁多，结构各不相同，除具有产生转动力矩、反作用力矩、阻尼力矩的装置外，大部分仪表还有下面一些主要部件。

1. 外壳

外壳通常由铁、水、塑料等材料制成，用来保护仪表内部的结构。

2. 指示装置

仪表指示装置由以下零件组成。

(1) 标度尺。标度尺是表盘上一系列数字和分度线的总称。通常情况下，准确度等级较高(1.4 级以上)的仪表采用镜子标尺，即在标度尺下有一条弧形镜面，读数时应使指针与镜面反映出的指针像重合，以保证读数的准确。

(2) 指针。指针又分为刀形和矛形等。灵敏度高的仪表有的采用光标影像指针。各类指针如图 1-7 所示。

(3) 限动器。限动器用于限制指针的最大活动范围。

(4) 平衡锤。平衡锤用于防止在指针偏转时，由于重心不正而带来的误差。

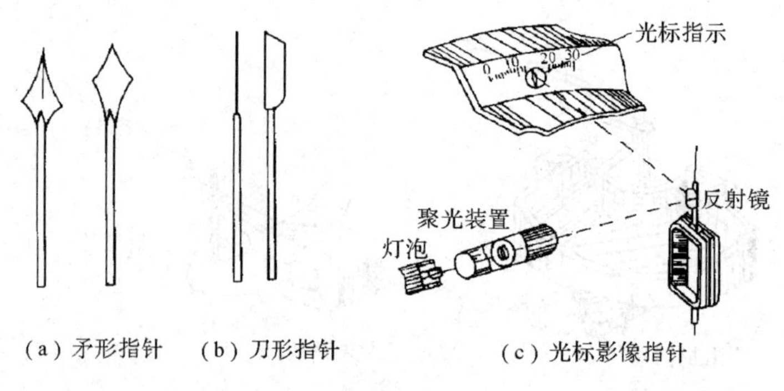

(a) 矛形指针　(b) 刀形指针　(c) 光标影像指针

图 1-7　各类指针

3. 轴和轴承

轴和轴承用来支持活动部分转动。为减小摩擦，轴尖用钢制成。轴承材料有多种，如青铜、玻璃、蓝宝石等。新型电能表为了减少磨损，延长使用寿命，采用磁推轴承，它是利用两块圆柱形磁钢同极性相斥的原理，把两块磁钢装在下轴套内，利用推斥力支撑电能表转动部分的重量，使之悬浮起来，其上、下两端均用不锈钢销针与石墨尼龙衬套作为导向，以制止水平方向的运动。

4. 调零装置

调零装置用来微调游丝或张丝的固定端，以改变初始力矩，从而使仪表的机械零位与适当的分度线(零位)相重合，如图 1-5 所示。

5. 支撑装置

测量机构中的可动部分要随被测量的大小而偏转，就必须有支撑装置，常见的支撑方式有两种：轴尖轴承支撑方式、张丝弹片支撑方式，如图 1-8 所示。许多检流计都采用了张丝弹片支撑方式。

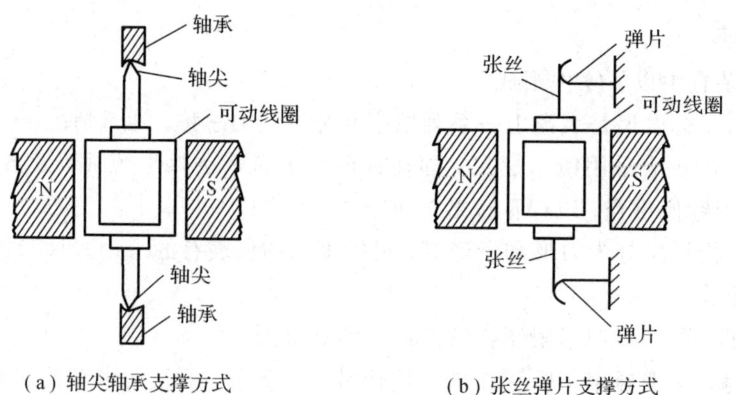

(a) 轴尖轴承支撑方式　(b) 张丝弹片支撑方式

图 1-8　支撑装置示意图

1.4 电工仪表的标志及技术要求

1.4.1 电工仪表的表面标记

在实践中当我们选用或使用电工仪表时，首先会看到在仪表的表盘上及外壳上有各种符号。这些符号表明了电工仪表的基本结构特点、准确度、工作条件等。不同的电工仪表具有不同的技术特性，为了便于选择和正确使用仪表，通常还用各种不同的图形符号来表示这些技术特性，并标注在仪表表面的显著位置上，这些图形符号叫做仪表的标志。根据国家标准规定，每一只仪表必须有表示测量对象的单位、准确度等级、工作电流种类、相数、测量机构的类别、使用条件组别、工作位置、绝缘强度实验电压的大小、仪表型号及额定值等的标志符号。使用仪表时，必须首先看清各种标记，以确定该仪表是否符合测量要求。表1-1是电工仪表按工作原理分组的常见符号，表1-2是电工仪表测量单位符号，表1-3是电工仪表按外界条件分组的常见符号。

表1-1 电工仪表按工作原理分组的常见符号

名称	符号	名称	符号	名称	符号
磁电系仪表		电动系仪表		感应系仪表	
磁电系比率表		电动系比率表		静电系仪表	
电磁系仪表		铁磁电动系仪表		整流系仪表（带半导体整流器和磁电系测量机构）	
电磁系比率表		铁磁电动系比率表		热电系仪表（带接触式热变换器和磁电系测量机构）	

表 1-2　电工仪表测量单位符号

物理量	名称	符号	物理量	名称	符号
电流	千安	kA	频率	兆赫	MHz
	安培	A		千赫	kHz
	毫安	mA		赫兹	Hz
	微安	μA	电阻	兆欧	MΩ
电压	千伏	kV		千欧	kΩ
	伏	V		欧姆	Ω
	毫伏	mV		毫欧	mΩ
	微伏	μV	功率因数	（无单位）	—
功率	兆瓦	MW	无功功率因数	（无单位）	—
	千瓦	kW	电容	法拉	F
	瓦特	W		微法	μF
无功功率	兆乏	MVar		皮法	pF
	千乏	kVar	电感	亨	H
	乏尔	Var		毫亨	mH
相位	度	°		微亨	μH

表 1-3　电工仪表按外界条件分组的常见符号

名称	符号	名称	符号
Ⅰ级防外磁场（例如磁电系）		Ⅳ级防外磁场及电场	Ⅳ　Ⅳ
Ⅰ级防外电场（例如静电系）		A组仪表	A
Ⅱ级防外磁场及电场	Ⅱ　Ⅱ	B组仪表	B
Ⅲ级防外磁场及电场	Ⅲ　Ⅲ	C组仪表	C

1.4.2　电工仪表的型号

电工仪表的型号可以反映出仪表的用途及原理。电工仪表的产品型号，是按主管部门制定的电工仪表型号编制法，经生产单位申请，并由主管部门登记颁发的。我国对安装式仪表与便携式仪表的型号分别制订了不同的编制规则。

1. 安装式仪表的型号组成

安装式仪表的型号组成如下：

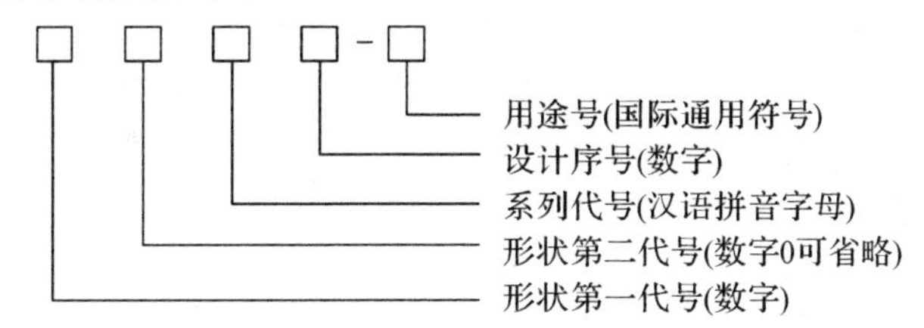

形状第一代号：按仪表面板形状最大尺寸编制。

形状第二代号：按仪表外壳形状尺寸编制。

系列代号：按仪表的工作原理编制，如 C 表示磁电系，T 表示电磁系，D 表示电动系，G 表示感应系，L 表示整流系，Q 表示静电系等。

用途号：按仪表测量的电量编制，如电压表为 V，电流表为 A，功率表为 W 等。

例如，42C3 - A 型电流表，其中"42"为形状代号，可由产品目录查得其尺寸和安装开孔尺寸；"C"表示磁电系仪表；"3"为设计序号；"A"表示用于电流测量。

2. 便携式仪表的型号组成

便携式仪表的型号组成如下：

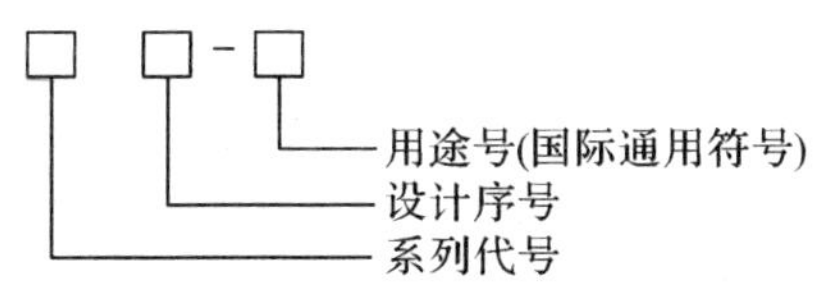

由于便携式仪表不存在安装问题，所以将安装式仪表型号中的形状代号省略，即是便携式仪表的产品型号。如 T62 - V 型电压表，"T" 表示电磁系仪表，"62"是设计序号，"V" 表示用于电压测量。

此外，一些其他类型仪表的型号，还采用在系列代号前加一个用汉语拼音字母表示的类别号，如 Q 表示电桥、P 表示数字式、Z 表示电阻、D 表示电能表等。

1.4.3　电测量指示仪表的主要技术要求

选用电测量指示仪表时，对仪表主要有以下几个方面的技术要求。

(1) 有足够的准确度。当仪表在规定的工作条件下使用时，要求基本误差不超过仪表盘面所标注的准确度等级；当仪表不在规定使用条件下工作时，各影响量(如温度、湿度、外磁场等)变化所产生的附加误差，应符合国家标准中的有关规定。标准表或精密测量时可选用 0.1 级或 0.2 级的仪表，实验室一般选用 0.5 级或 1.0 级的仪表，一般的工程测量可选用 1.5 级以下的仪表。

(2) 有合适的灵敏度。仪表的灵敏度取决于仪表的结构和线路。通常将灵敏度的倒数称为仪表常数，用 C 来表示，即灵敏度是电工仪表的重要技术特性之一，反映了仪表所能测量的最小被测量。灵敏度越高，通入单位被测量所引起的偏转角就越大，也就是说灵敏度越高的仪表，满偏电流越小，即量限越小；灵敏度越低，则仪表的准确度就越低，所以仪表应有适当的灵敏度。在实际测量中，要根据被测量的要求选择合适的灵敏度。例如万用表的测量机构就要选用灵敏度较高的仪表，而一般工程测量无需选用灵敏度较高的仪表，以降低成本。

(3) 仪表的功耗要小。当电测量指示仪表接入被测电路时，总要消耗一定的能量，这不但会引起仪表内部发热，而且影响被测电路的原有工作状态，从而产生测量误差，因而仪表的功率损耗要小。如果仪表本身消耗功率太大，则轻者会改变被测电路原有的工作状态，从而产生较大的测量误差，重者可能造成仪表损坏。

(4) 有良好的读数装置。仪表标度尺的刻度应力求均匀。刻度不均匀的仪表，其灵敏度不是常数。刻度线较密的部分灵敏度较低，读数误差较大；而刻度线较疏的部分灵敏度较高，读数误差较小。对刻度线不均匀的仪表，应在标度尺上标明其工作部分，一般规定工作部分的长度不应小于标度尺全长的 85%。

(5) 升降变差要小，即重复性要好。由于游丝(或张丝)受力变形后不能立即恢复原始状态，更主要的是由于仪表轴尖与轴承间的摩擦力所产生的摩擦力矩会阻碍活动部分的运动，因此即使在外界条件不变的情况下，用仪表测量同一量值，指针由零上升的指示值与由上限下降的指示值也会不同，这两个指示值之间的差值就称为仪表的升降变差。一般要求升降变差不应超过仪表基本误差的绝对值。

(6) 有良好的阻尼装置。良好的阻尼装置是指当仪表接入电路后，指针在平衡位置附近摆动的时间要尽可能短，在仪表测量时指针能够均匀地、平稳地指向平衡位置，以便迅速读数。若阻尼装置失效，则仪表的指针在平衡位置左右摆动，长时间不能停留在平衡位置，从而延长读数时间。

(7) 有足够的绝缘强度。使用中严禁测量电路的电压超过仪表的绝缘强度实验电压，否则将引起危害人身和设备安全的事故。

(8) 有足够的过载能力。在实际使用中，由于某些原因使仪表过载的现象经常发生，因此要求仪表具有足够的抗过载能力，以延长仪表的使用寿命。否则仪表一旦过载，轻者指针被打弯，重者可能损坏仪表。

(9) 量程范围要合理。仪表能够测量的最大输入量与最小输入量之间的范围称为仪表的量程范围，简称量程。量程在数值上等于仪表上限值与下限值的代数差的绝对值。例如，某一温度计测量的最低温度为−20℃，最高温度为 100℃，则它的量程是 120℃。

1.5　实验数据的处理及误差估算

1.5.1　数据处理

在测量过程中，读数、记录和运算等对数据的处理都涉及正确选用有效数字的问题，如果这个问题处理得好，就可以节省计算工作量；如果处理不好，则会造成计算量增大或计算不准确，因此应当注意这一问题。

1. 有效数字

具体地说，有效数字是指在分析工作中实际能够测量到的数字。一个数据从左边第一个非零数字起至右边近似数字的一位为止，其间的所有数码均为有效数字。有效数字的最末一位是近似数字，它可以是测量中估计读出的，也可以是按规定修约后的近似数字，而有效数字的其他数字都是准确数字。

所有测得的数据都必须用有效数字表示。此时应注意：

(1) 读数记录时，每一个数据只能有一位数字(最末一位)是估计读数，而其他数字都必须是准确读出的。

(2) 有效数字的位数与小数点无关，“0”在数字之间或末尾时均为有效数字。例如，0.025、0.25 均为两位有效数字，203、110 均为三位有效数字。在测量中，如果仪表指针刚好停留在分度线上，读数记录时应在小数点后的末尾加一位零。例如，指针停在 1.4 A 的分度线上，则应记为 1.40 A，因为数据中 4 是准确数字，而不是估计的近似数字。

(3) 遇有大数值或小数值时，数据通常用数字乘以 10 的幂的形式来表示，10 的幂前面的数字为有效数字。例如，3.20×10^{4} 有三位有效数字，6.3×10^{-3} 有两位有效数字。在采用 10 的幂的形式表示数据时，应考虑与误差相适应。

2. 数据的舍入规则

有效数字的位数确定后，其余数字按四舍五入的原则进行。一般习惯用的四舍五入方法由于 5 总是入，不尽合理，故在数据处理时的舍入原则是：若要保留 n 位有效数字，则第 n 位有效数字后面的第一位数字大于 5 时入，小于 5 时舍，等于 5 时，若 n 位为奇数则入，为偶数则舍。简单地说：“5 以上入，5 以下舍，5 前奇入，5 前偶舍”。例如，若 5.1835、

10.365 均取四位有效数字，则分别为 5.184、10.36。这样处理，舍与入的机会相等，提高了数据的准确性。

3. 有效数字的运算规则

数据的运算应按有效数字的运算规则进行。

(1) 加减运算时，应以小数点后位数最少的数为基准，将数据中小数点后位数多的进行舍入处理。例如，6.48、10.20、2.535 三个数字相加，运算时应为 6.48＋10.20＋2.54＝19.22，结果取 19.20。

(2) 乘除运算时，要把有效数字位数多的进行舍入处理，使之比有效数字位数最少的那个数只多一位，计算结果的有效数字位数与原数据中有效数字位数最少的相同。例如，3.2、12.6、2.365 三个数字相乘，运算时为 3.2×12.6×2.36＝95.1552，结果应取 95。有时根据需要也可多取一位，即结果为 95.2，但位数再多不仅毫无意义，而且可能导致实验人员对实验的精确度作出错误结论。

1.5.2 工程上最大测量误差估算

由于随机误差比较小，因而只有在精密测量或精密实验中，才需要按随机误差理论对实验数据进行处理，而在一般工程测量时往往忽略不计。在工程上主要考虑的是系统误差，系统误差可按下述方法进行计算。

1. 直接测量方式的最大误差

用指示仪表进行直接测量时，可以根据仪表的准确度等级估计可能产生的最大误差。

前面已经介绍过，测量仪表的准确度 K 用最大引用误差来表示，即

$$\pm K\%=\frac{\Delta_m}{A_m}\times 100\% \tag{1-29}$$

式中：Δ_m 为最大绝对误差；A_m 为仪表最大量限。

用直读仪表测量时，可能出现的最大绝对误差可按式(1-29)进行计算。

2. 间接测量方式的最大误差

实际工作中经常采用间接测量法，即通过两个或两个以上的直接测量值，按某一函数关系计算而获得测量值。由于直接测量有误差，所以通过计算而得到的间接测量的结果必然会有误差。在已知的直接测量误差(或称分项误差)的基础上，求出间接测量的误差(或称综合误差)的方法称为误差的综合。

若被测量 y 为 n 个中间量 x_1，x_2，…，x_n 之和，γ_1，γ_2，…，γ_n 为测量每个中间量时可能产生的相对误差，则 y 可能产生的相对误差为

$$\gamma_y=\frac{\Delta y}{y}=\frac{\Delta x_1}{y}+\frac{\Delta x_2}{y}+\cdots+\frac{\Delta x_n}{y} \tag{1-30}$$

最大误差出现在各中间量的相对误差符号相同之时，即

$$\gamma_y=\left|\frac{\Delta x_1}{y}\right|+\left|\frac{\Delta x_2}{y}\right|+\cdots+\left|\frac{\Delta x_n}{y}\right|=\left|\frac{x_1}{y}\gamma_1\right|+\left|\frac{x_2}{y}\gamma_2\right|+\cdots+\left|\frac{x_n}{y}\gamma_n\right| \tag{1-31}$$

若被测量 y 为中间量 x_1、x_2 之差，γ_1、γ_2 为测量每个中间量可能产生的相对误差，则被测量 y 所产生的相对误差为

$$\gamma_y=\left|\frac{x_1}{x_1-x_2}\gamma_1\right|+\left|\frac{x_2}{x_1-x_2}\gamma_2\right| \tag{1-32}$$

由上式可以看出，最大误差不仅与各中间量的相对误差有关，而且与中间量之差有关，差越小，被测量的相对误差就越大。

【例 1-6】 已知放大电路晶体管集电极电阻 R_c，先测量 R_c 上的压降 U_R，然后间接测得集电极电流 $I_c=U_R/R_c$，测量电压的误差是±1.5%，电阻的误差是±2.0%。求测量电流的误差。

解　已知 $I_c=U_R/R_c$，则测量电流的误差为

$$\gamma_{cm}=\pm(|\gamma_U|+|\gamma_R|)=\pm(1.5\%+2.0\%)=\pm3.5\%$$

课后习题

1. 用伏安法测量某电阻 R，所用电流表为 0.5 级，量限为 0～1 A，电流表指示值为 0.5 A；所用电压表为 1.0 级，量限为 0～5 V，电压表指示值为 2.5 V。求 R 的测量结果及测量结果可能最大的相对误差。

2. 有三台电压表，量限和准确度等级指数分别为 500 V、0.2 级，200 V、0.5 级，50 V、1.5 级，分别用三块表测量 50 V 的电压，求用每块电压表测量的绝对误差、相对误差、引用误差。哪块表的质量好？用哪块表测得的测量结果的误差最小？为什么？

3. 检定一个满刻度为 5 A 的 1.5 级电流表，若在 2.0 A 刻度处的绝对误差最大，$\Delta_m=+0.1$ A，则此电流表准确度是否合理？

4. 用 1.5 级、量限为 14 A 的电流表测量某电流时，其读数为 10 A，试求测量可能出现的最大相对误差。

5. 某台测温仪表的测温范围为 200～700℃，检验该表时得到的最大绝对误差为 +4℃，试确定该仪表的准确度等级。

6. 某测量系统由传感器、放大器和记录仪组成，各环节的灵敏度分别为 $S_1=0.2$ mV/℃，$S_2=2.0$ V/mV，$S_3=5.0$ mm/V。求系统的灵敏度。

第2章　电工仪器仪表的使用

2.1　指针式万用表

万用表能测量电流、电压、电阻，有的还可以测量三极管的放大倍数、频率、电容值、逻辑电位、分贝值等。万用表有很多种，现在最流行的有机械指针式和数字式万用表，它们各有优点。对于电子初学者，建议使用指针式万用表，因为它对我们熟悉一些电子知识原理很有帮助。

2.1.1　万用表的基本原理

万用表的基本原理是利用一只灵敏的磁电式直流电流表(微安表)做表头。当微小电流通过表头，就会有电流指示。但表头不能通过大电流，所以，必须在表头上并联与串联一些电阻进行分流或降压，从而测出电路中的电流、电压和电阻。

1. 测直流电流原理

如图 2-1(a)所示，在表头上并联一个适当的电阻(分流电阻)进行分流，就可以扩展电流量程。改变分流电阻的阻值，就能改变电流测量范围。

2. 测直流电压原理

如图 2-1(b)所示，在表头上串联一个适当的电阻(倍增电阻)进行降压，就可以扩展电压量程。改变倍增电阻的阻值，就能改变电压的测量范围。

3. 测交流电压原理

如图 2-1(c)所示，因为表头是直流表，所以测量交流时，需加装一个并、串式半波整流电路，将交流进行整流变成直流后再通过表头，这样就可以根据直流电的大小来测量交流电压。扩展交流电压量程的方法与直流电压量程相似。

4. 测电阻原理

如图 2-1(d)所示，在表头上并联和串联适当的电阻，同时串接一节电池，使电流通过被测电阻，根据电流的大小，就可测量出电阻值。改变分流电阻的阻值，就能改变电阻的量程。

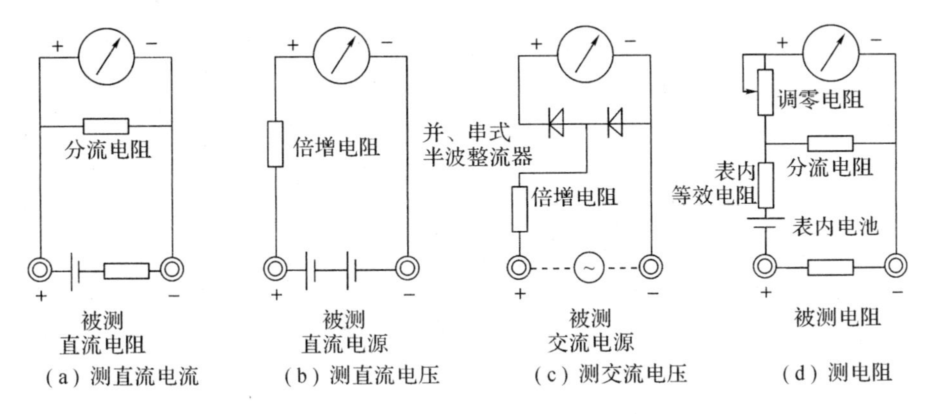

图 2-1　万用表的基本原理

2.1.2　指针式万用表的使用

指针式万用表(以 105 型为例)的表盘如图 2-2 所示。通过转换开关的旋钮来改变测量项目和测量量程。机械调零旋钮用来保持指针在静止时处在左零位。“Ω”调零旋钮是用来测量电阻时使指针对准右零位，以保证测量数值准确。

万用表的测量范围如下：

- 直流电压：分 5 挡——0～6 V；0～30 V；0～150 V；0～300 V；0～600 V。
- 交流电压：分 5 挡——0～6 V；0～30 V；0～150 V；0～300 V；0～600 V。
- 直流电流：分 3 挡——0～3 mA；0～30 mA；0～300 mA。
- 电阻：分 5 挡——R×1；R×10；R×100；R×1 k；R×10 k。

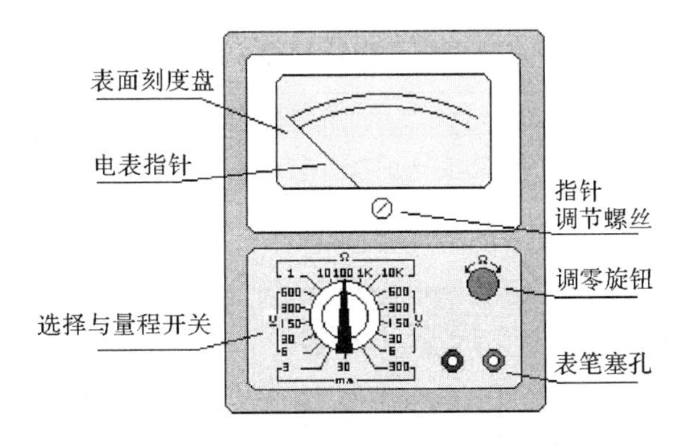

图 2-2　105 型指针式万用表表盘

1. 测量电阻

先将两表笔搭在一起短路，使指针向右偏转，随即调整“Ω”调零旋钮，使指针恰好指到0。然后将两根表笔分别接触被测电阻(或电路)两端，如图2-3所示，读出指针在欧姆刻度线(第一条线)上的读数，再乘以该挡标的数字，就是所测电阻的阻值。例如用R×100挡测量电阻，指针指在80，则所测得的电阻值为80×100＝8 kΩ。由于“Ω”刻度线左部读数较密，难于看准，所以测量时应选择适当的欧姆挡，使指针在刻度线的中部或右部，这样读数比较清楚准确。每次换挡，都应重新将两根表笔短接，重新调整指针到零位，才能测准。

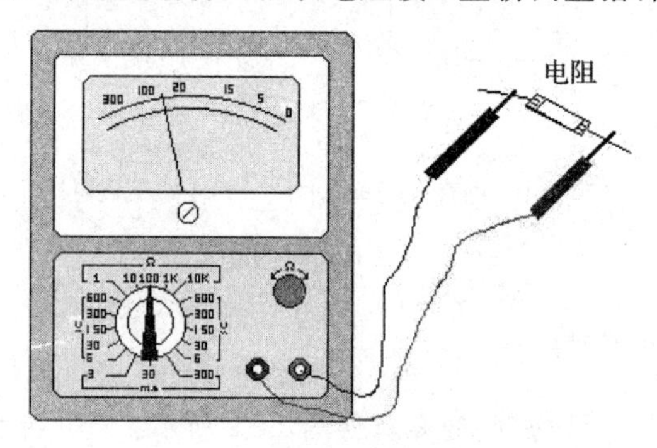

图2-3　万用表测量电阻

2. 测量直流电压

首先估计一下被测电压的大小，然后将转换开关拨至适当的V量程，将红表笔接被测电压“＋”端，黑表笔接被测量电压“－”端，如图2-4所示。然后根据该挡量程数字与标有直流符号“DC -”刻度线(第二条线)上的指针所指数字，来读出被测电压的大小。如用V300伏挡测量，可以直接读0～300的指示数值。如用V30伏挡测量，只需将刻度线上300这个数字去掉一个“0”，看成是30，再依次把200、100等数字看成是20、10即可直接读出指针指示数值。例如用V6伏挡测量直流电压，指针指在15，则所测得电压为1.5 V。

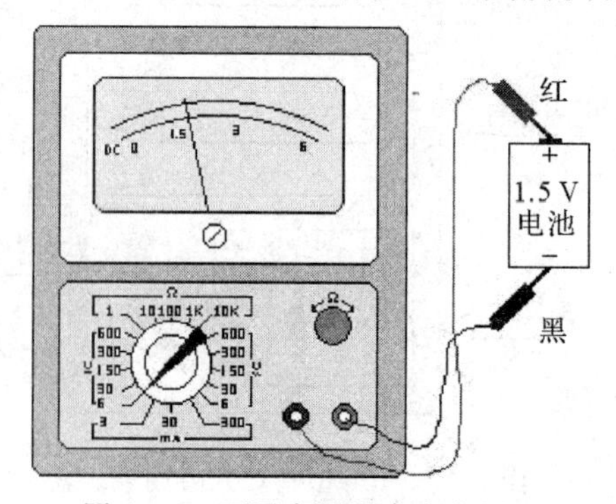

图2-4　万用表测量直流电压

3. 测量直流电流

先估计一下被测电流的大小，然后将转换开关拨至合适的 mA 量程，再把万用表串接在电路中，如图 2－5 所示。观察标有直流符号“DC”的刻度线，如电流量程选在 3 mA 挡，这时，应把表面刻度线上 300 的数字去掉两个“0”，看成 3，又依次把 200、100 看成是 2、1，这样就可以读出被测电流数值。例如用直流 3 mA 挡测量直流电流，指针在 100，则电流为 1 mA。

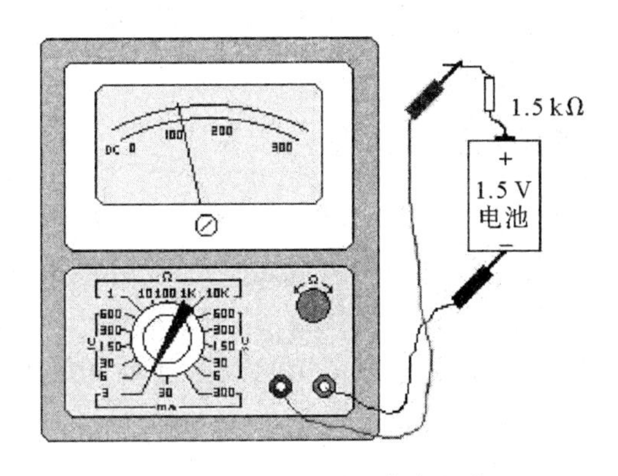

图 2－5　万用表测量直流电流

4. 测量交流电压

测交流电压的方法与测量直流电压相似，所不同的是因交流电没有正、负之分，所以测量交流时，表笔也就不需分正、负。读数方法与上述测量直流电压的读法一样，只是数字应看标有交流符号“AC”的刻度线上的指针位置。

2.1.3　使用指针式万用表的注意事项

万用表是比较精密的仪器，如果使用不当，会造成测量不准确且极易损坏。但是，只要我们掌握万用表的使用方法和注意事项，谨慎从事，那么万用表就能经久耐用。使用万用表时应注意如下事项：

(1) 测量电流与电压不能旋错挡位。如果误用电阻挡或电流挡去测电压，极易烧坏电表。万用表不用时，最好将挡位旋至交流电压最高挡，避免因使用不当而损坏。

(2) 测量直流电压和直流电流时，注意“＋”、“－”极性，不要接错。如发现指针开始反转，应立即调换表笔，以免损坏指针及表头。

(3) 如果不知道被测电压或电流的大小，应先用最高挡，而后再选用合适的挡位来测试，以免表针偏转过度而损坏表头。所选用的挡位愈靠近被测值，测量的数值就愈准确。

(4) 测量电阻时，不要用手触及元件的裸体的两端(或两支表笔的金属部分)，以免人体电阻与被测电阻并联，使测量结果不准确。

(5) 测量电阻时，如将两支表笔短接，将“Ω”调零旋钮旋至最大，指针仍然达不到0点，这种现象通常是由于表内电池电压不足造成的，应换上新电池方能准确测量。

(6) 万用表不用时，不要旋在电阻挡，因为内有电池，如不小心易使两根表笔相碰短路，不仅耗费电池，严重时甚至会损坏表头。

2.2 数字式万用表

2.2.1 数字万用表的结构和工作原理

数字万用表主要由液晶显示屏、模拟(A)/数字(D)转换器、电子计数器、转换开关等组成。其测量过程如图2-6所示。被测模拟量先由A/D转换器转换成数字量，然后通过电子计数器计数，最后把测量结果用数字直接显示在显示屏上。可见，数字万用表的核心部件是A/D转换器。目前，教学、科研领域使用的数字万用表大都以ICL7106、7107大规模集成电路为主芯片。该芯片内部包含双斜积分A/D转换器、显示锁存器、七段译码器、显示驱动器等。双斜积分A/D转换器的基本工作原理是在一个测量周期内用同一个积分器进行两次积分，将被测电压U_X转换成与其成正比的时间间隔，在此间隔内填充标准频率的时钟脉冲，用仪器记录的脉冲个数来反映U_X的值。下面以VC98系列数字万用表为例来介绍万用表的基本使用方法。

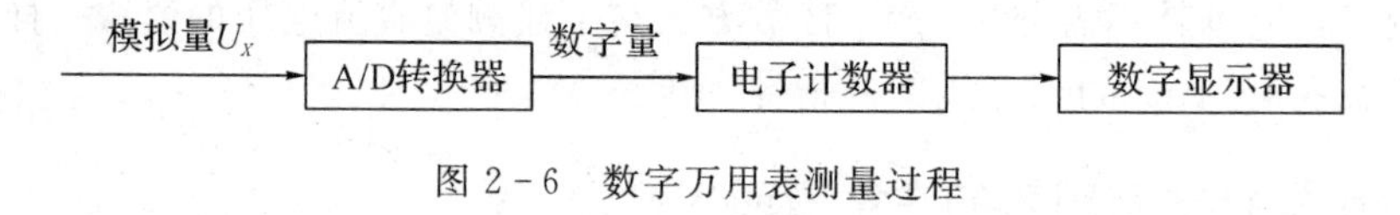

图2-6 数字万用表测量过程

2.2.2 VC98系列数字万用表操作面板简介

VC98系列数字万用表具有$3\frac{1}{2}$(1999)位自动极性显示功能。该表以双斜积分A/D转换器为核心，采用26 mm字高液晶显示屏(LCD)，可用来测量交直流电压、电流、电阻、电容、二极管、三极管、电路通断、温度及频率等参数。图2-7为其操作面板。

(1) 液晶显示屏(LCD)：显示仪表测量的数值及单位。

(2) POWER(电源)开关：用于开启、关闭万用表电源。

(3) B/L(背光)开关：开启及关闭背光灯。按下“B/L”开关，背光灯亮，再次按下，背光取消。

(4) 旋钮开关：用于选择测量功能及量程。

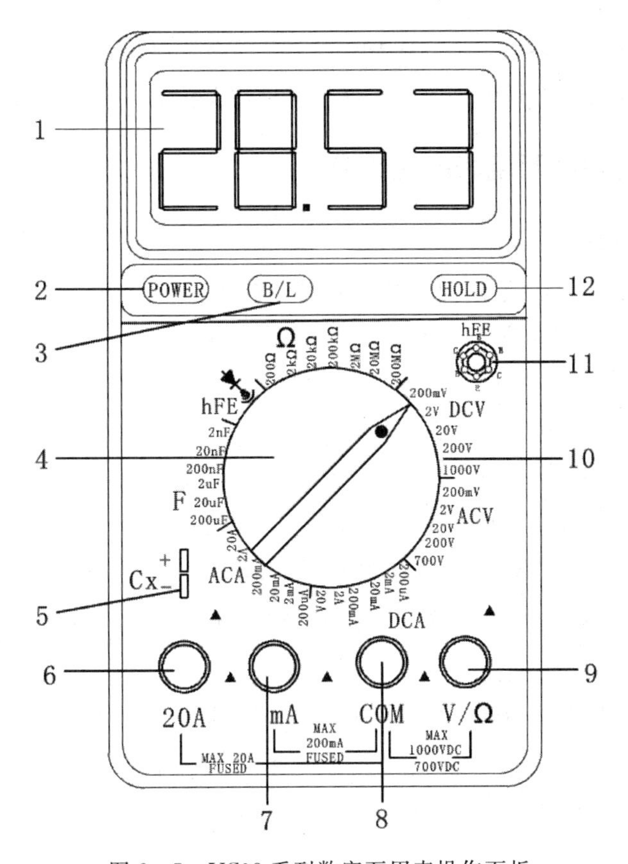

图 2-7　VC98 系列数字万用表操作面板

(5) C_X(电容)测量插孔：用于放置被测电容。

(6) 20 A 电流测量插孔：当被测电流大于 200 mA 而小于 20 A 时，应将红表笔插入此孔。

(7) 小于 200 mA 电流测量插孔：当被测电流小于 200 mA 时，应将红表笔插入此孔。

(8) COM(公共地)：测量时插入黑表笔。

(9) V(电压)/Ω(电阻)测量插孔：测量电压/电阻时插入红表笔。

(10) 刻度盘：共 8 个测量功能。"Ω"为电阻测量功能，有 7 个量程挡位；"DCV"为直流电压测量功能，"ACV"为交流电压测量功能，各有 5 个量程挡位；"DCA"为直流电流测量功能，"ACA"为交流电流测量功能，各有 6 个量程挡位；"F"为电容测量功能，有 6 个量程挡位；"h_{FE}"为三极管 h_{FE} 值测量功能；"⊳|·))"为二极管及通断测试功能，测试二极管时，近似显示二极管的正向压降值，导通电阻＜70 Ω 时，内置蜂鸣器响。

(11) h_{FE}测试插孔：用于放置被测三极管，以测量其 h_{FE}值。

(12) HOLD(保持)开关：按下“HOLD”开关，当前所测量数据被保持在液晶显示屏上并出现符号[H]，再次按下“HOLD”开关，退出保持功能状态，符号[H]消失。

2.2.3 VC98 系列数字万用表的使用方法

1. 直流电压的测量

(1) 黑表笔插入“COM”插孔，红表笔插入“V/Ω”插孔；

(2) 将旋钮开关转至“DCV”(直流电压)相应的量程挡；

(3) 将表笔跨接在被测电路上，其电压值和红表笔所接点电压的极性将显示在显示屏上。

2. 交流电压的测量

(1) 黑表笔插入“COM”插孔，红表笔插入“V/Ω”插孔；

(2) 将旋钮开关转至“ACV”(交流电压)相应的量程挡；

(3) 将测试表笔跨接在被测电路上，被测电压值将显示在显示屏上。

3. 直流电流的测量

(1) 黑表笔插入“COM”插孔，红表笔插入“200 mA”或“20 A”插孔；

(2) 将旋钮开关转至“DCA”(直流电流)相应的量程挡；

(3) 将仪表串接在被测电路中，被测电流值及红表笔接点的电流极性将显示在显示屏上。

4. 交流电流的测量

(1) 黑表笔插入“COM”插孔，红表笔插入“200 mA”或“20 A”插孔；

(2) 将旋钮开关转至“ACA”(交流电流)相应的量程挡；

(3) 将仪表串接在被测电路中，被测电流值将显示在显示屏上。

5. 电阻的测量

(1) 黑表笔插入“COM”插孔，红表笔插入“V/Ω”插孔；

(2) 将旋钮开关转至“Ω”(电阻)相应的量程挡；

(3) 将测试表笔跨接在被测电阻上，被测电阻值将显示在显示屏上。

6. 电容的测量

将旋钮开关转至“F”(电容)相应的量程挡，被测电容插入 Cx(电容)插孔，其值将显示在显示屏上。

7. 三极管 h_{FE} 的测量

(1) 将旋钮开关置于 h_{FE} 挡；

(2) 根据被测三极管的类型(NPN 或 PNP)，将发射极 e、基极 b、集电极 c 分别插入相应的插孔，被测三极管的 h_{FE} 值将显示在显示屏上。

8. 二极管及通断测试

(1) 红表笔插入“V/Ω”插孔(注意：数字万用表红表笔为表内电池正极；指针万用表则相反，红表笔为表内电池负极)，黑表笔插入“COM”插孔。

(2) 旋钮开关置于“⊳|·𝅘”(二极管/蜂鸣)符号挡，红表笔接二极管正极，黑表笔接二极管负极，显示值为二极管正向压降的近似值(0.55～0.70 V 为硅管；0.15～0.30 V 为锗管)。

(3) 测量二极管正、反向压降时，若只有最高位均显示“1”(超量限)，则二极管开路；若正、反向压降均显示“0”，则二极管击穿或短路。

(4) 将表笔连接到被测电路两点，如果内置蜂鸣器发声，则两点之间电阻值低于 70 Ω，电路通，否则电路为断路。

2.2.4　VC98 系列数字式万用表使用注意事项

(1) 测量电压时，输入直流电压切勿超过 1000 V，交流电压有效值切勿超过 700 V。

(2) 测量电流时，切勿输入超过 20 A 的电流。

(3) 被测直流电压高于 36 V 或交流电压有效值高于 25 V 时，应仔细检查表笔是否可靠接触、连接是否正确、绝缘是否良好等，以防电击。

(4) 测量时应选择正确的功能和量程，谨防误操作；切换功能和量程时，表笔应离开测试点；显示值的“单位”与相应量程挡的“单位”一致。

(5) 若测量前不知被测量的范围，应先将量程开关置于最高挡，再根据显示值调到合适的挡位。

(6) 测量时若只有最高位显示“1”或“－1”，表示被测量超过了量程范围，应将量程开关转至较高的挡位。

(7) 在线测量电阻时，应确认被测电路所有电源已关断且所有电容都已完全放完电，方可进行测量，即不能带电测电阻。

(8) 用“200 Ω”量程时，应先将表笔短路测引线电阻，然后在实测值中减去所测的引线电阻；用“200 MΩ”量程时，将表笔短路仪表将显示 1.0 MΩ，属正常现象，不影响测量精度，实测时应减去该值。

(9) 测电容前，应对被测电容进行充分放电；用大电容挡测漏电或击穿电容时读数将不稳定；测电解电容时，应注意正、负极，切勿插错。

（10）显示屏显示▭符号时，应及时更换 9 V 碱性电池，以减小测量误差。

2.3 信号发生器

函数信号发生器是用来产生不同形状、不同频率波形的仪器。实验中常用作信号源，信号的波形、频率和幅度等可通过开关和旋钮进行调节。函数信号发生器有模拟式和数字式两种。本节主要介绍 DDS 数字式函数信号发生器。

DDS 函数信号发生器采用现代数字合成技术，它完全没有振荡器元件，而是利用直接数字合成技术，由函数计算值产生一连串数据流，再经数模转换器输出一个预先设定的模拟信号。其优点是：输出波形精度高、失真小；信号相位和幅度连续无畸变；在输出频率范围内不需设置频段，频率扫描可无间隙地连续覆盖全部频率范围等。现以 TFG2003 型 DDS 函数信号发生器为例，说明数字函数信号发生器的使用方法。

2.3.1 TFG2003 型 DDS 函数信号发生器的技术指标

TFG2003 型 DDS 函数信号发生器具有双路输出、调幅输出、门控输出、猝发计数输出、频率扫描和幅度扫描等功能。其主要技术指标如下。

1. A 路输出技术指标

（1）波形种类：正弦波、方波。

（2）频率范围：30 mHz～3 MHz；分辨率为 30 mHz。

（3）幅度范围：100 mV_{pp}～20 V_{pp}（高阻）；分辨率为 80 mV_{pp}；输出阻抗为 50 Ω。手动衰减：衰减范围为 0～70 dB（10 dB、20 dB、40 dB 三挡）；步进 10 dB。

（4）调制特性：调制信号：内部 B 路四种波形（正弦波、方波、三角波、锯齿波），频率 100 Hz～3 kHz。幅度调制（ASK）：载波幅度和跳变幅度任意设定。频率调制（FSK）：载波频率和跳变频率任意设定。

（5）扫描特性：频率或幅度线性扫描，扫描过程可随时停止并保持，可手动逐点扫描。

2. B 路输出技术指标

（1）波形种类：正弦波、方波、三角波、锯齿波。

（2）频率范围：100 Hz～3 kHz。

（3）幅度范围：300 mV_{pp}～8 V_{pp}（高阻）。

3. TTL 输出技术指标

(1) 波形特性：方波，上升/下降时间<20 ns。

(2) 频率特性：与 A 路输出特性相同。

(3) 幅度特性：TTL 兼容，低电平<0.3 V；高电平>4 V。

2.3.2　TFG2003 型 DDS 函数信号发生器的面板键盘功能

TFG2003 型 DDS 函数信号发生器前面板如图 2-8 所示。共 20 个按键、3 个幅度衰减开关、1 个调节旋钮、2 个输出端口和电源开关。按键都是按下释放后才有效。

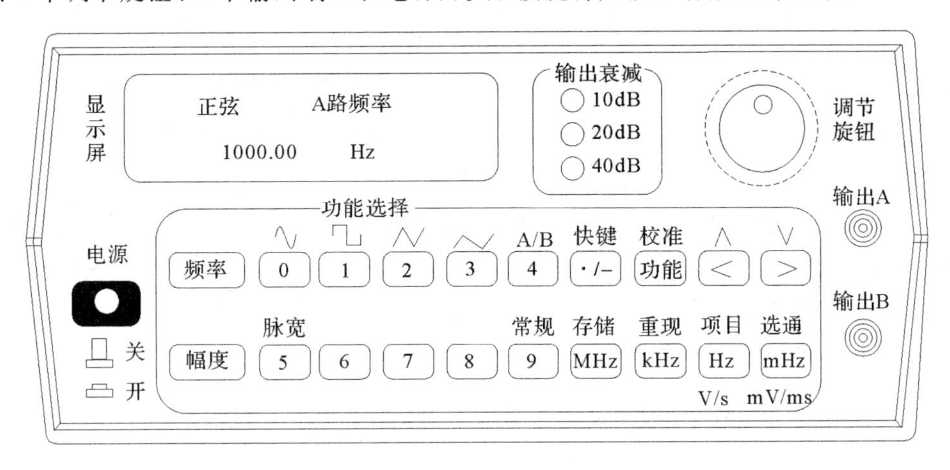

图 2-8　TFG2003 型 DDS 函数信号发生器前面板

各按键功能如下：

(1)【频率】键：频率选择键。

(2)【幅度】键：幅度选择键。

(3)【0】、【1】、【2】、【3】、【4】、【5】、【6】、【7】、【8】、【9】键：数字输入键。

(4)【MHz】/【存储】、【kHz】/【重现】、【Hz】/【项目】/【V】/【s】、【mHz】/【选通】/【mV】/【ms】键：双功能键，在数字输入之后执行单位键的功能，同时作为数字输入的结束键(即确认键)，其他时候执行【项目】、【选通】、【存储】、【重现】等功能。

(5)【·/—】/【快键】键：双功能键，输入数字时为小数点输入键，其他时候执行【快键】功能。

(6)【<】/【∧】、【>】/【∨】键：双功能键，一般情况下作为光标左右移动键，只有在“扫描”功能时作为加、减步进键和手动扫描键。

(7)【功能】/【校准】键：主菜单控制键，循环选择五种功能，见表 2-1。

(8)【项目】键：子菜单控制键，在每种功能下选择不同的项目，见表 2-1。

表 2-1 【功能】、【项目】菜单功能项目表

【功能】(主菜单)键	常规	扫描	调幅	猝发	键控
【项目】(子菜单)键	A 路频率	A 路频率	A 路频率	A 路频率	A 路频率
	B 路频率	始点频率	B 路频率	计数	始点频率
		终点频率		间隔	终点频率
		步长频率		单次	间隔
		间隔			
		方式			

(9)【选通】键：双功能键，在“常规”功能时可以切换频率和周期、幅度峰峰值和有效值，在“扫描”、“猝发”和“键控”功能时作为启动键。

(10)【快键】：按【快键】后(显示屏上出现“Q”标志)，再按【0】/【1】/【2】/【3】键，可以直接选择对应的四种不同波形输出；按【快键】后再按【4】键，可以直接进行 A 路和 B 路输出转换。按【快键】后按【5】键，可以调整方波的占空比。

(11) 调节旋钮：调节输入的数据。

2.3.3 TFG2003 型 DDS 函数信号发生器的使用方法

按下电源开关，电源接通。显示屏先显示“欢迎使用”及一串数字，然后进入默认的“常规”功能输出状态，显示出当前 A 路输出波形为“正弦”，频率为“1000.00 Hz”。

1. 数据输入方式

该仪器的数据输入方式有三种。

1) 数字键输入

用 0～9 十个数字键及小数点键向显示区写入数据。数据写入后应按相应的单位键(【MHz】、【kHz】、【Hz】或【mHz】)予以确认。此时数据开始生效，信号发生器按照新写入的参数输出信号。如设置 A 路正弦波频率为 2.7 kHz，其按键顺序是：【2】→【.】→【7】→【kHz】。

数字键输入法可使输入数据一次到位，因而适合于输入已知的数据。

2) 步进键输入

实际使用中有时需要得到一组几个或几十个等间隔的频率值或幅度值，如果用数字键输入法，就必须反复使用数字键和单位键。为了简化操作，可以使用步进键输入方法，将

【功能】键选择为“扫描”，把频率间隔设定为步长频率值，此后每按一次【∧】键，频率增加一个步长值，每按一次【∨】键，频率减小一个步长值，且数据改变后即可生效，不需再按单位键。

如设置间隔为 12.84 kHz 的一系列频率值，其按键顺序是：先按【功能】键选“扫描”，再按【项目】键选“步长频率”，依次按【1】、【2】、【.】、【8】、【4】、【kHz】，此后连续按【∧】或【∨】键，就可得到一系列间隔为 12.84 kHz 的递增或递减频率值。

注意：步进键输入法只能在【项目】选择为“频率”或“幅度”时使用。

步进键输入法适合于一系列等间隔数据的输入。

3）调节旋钮输入

按位移键【<】或【<】，使三角形光标左移或右移并指向显示屏上的某一数字，向右或左转动调节旋钮，光标指示位数字连续加 1 或减 1，并能向高位进位或借位。调节旋钮输入时，数字改变后即刻生效。当不需要使用调节旋钮输入时，按位移键【<】或【<】使光标消失，转动调节旋钮就不再生效。

调节旋钮输入法适合于对已输入数据进行局部修改或需要输入连续变化的数据进行搜索观测。

2. “常规”功能的使用

仪器开机后为“常规”功能，显示 A 路波形（正弦或方波），否则可按【功能】键选择“常规”，仪器便进入“常规”状态。

1）频率/周期的设定

按【频率】键可以进行频率设定。在“A 路频率”时用数字键或调节旋钮输入频率值，此时在“输出 A”端口即有该频率的信号输出。例如：设定频率值为 3.5 kHz，按键顺序为：【频率】→【3】→【.】→【5】→【kHz】。

频率也可用周期值进行显示和输入。若当前显示为频率，按【选通】键，即可显示出当前周期值，用数字键或调节旋钮输入周期值。例如：设定周期值 25 ms，按键顺序是：【频率】→【选通】→【2】→【5】→【ms】。

2）幅度的设定

按【幅度】键可以进行幅度设定。在“A 路幅度”时用数字键或调节旋钮输入幅度值，此时在“输出 A”端口即有该幅度的信号输出。例如：设定幅度为 3.2 V，按键顺序是：【幅度】→【3】→【.】→【2】→【V】。

幅度的输入和显示可以使用有效值（V_{rms}）或峰峰值（V_{pp}），当项目选择为幅度时，按【选通】键可对两种显示格式进行循环转换。

3）输出波形选择

如果当前选择为A路，按【快键】→【0】，输出为正弦波；按【快键】→【1】，输出为方波。

方波占空比设定：若当前显示为A路方波，可按【快键】→【5】，显示出方波占空比的百分数，用数字键或调节旋钮输入占空比值，“输出A”端口即有该占空比的方波信号输出。

3. “扫描”功能的使用

1）“频率”扫描

按【功能】键选择“扫描”，如果当前显示为频率，则进入“频率”扫描状态，可设置扫描参数，并进行扫描。

(1) 设定扫描始点/终点频率：按【项目】键，选“始点频率”，用数字键或调节旋钮设定始点频率值；按【项目】键，选“终点频率”，用数字键或调节旋钮设定终点频率值。

注意：终点频率值必须大于始点频率值。

(2) 设定扫描步长：按【项目】键，选“步长频率”，用数字键或调节旋钮设定步长频率值。扫描步长小，扫描点多，测量精细，反之则测量粗糙。

(3) 设定扫描间隔时间：按【项目】键，选“间隔”，用数字键或调节旋钮设定间隔时间值。

(4) 设定扫描方式：按【项目】键，选“方式”，有以下四种扫描方式可供选择。按【0】，选择为“正扫描方式”(扫描从始点频率开始，每步增加一个步长值，到达终点频率后，再返回始点频率重复扫描过程)；按【1】，选择为“逆扫描方式”(扫描从终点频率开始，每步减小一个步长值，到达始点频率后，再返回终点频率重复扫描过程)；按【2】，选择为“单次正扫描方式”(扫描从始点频率开始，每步增加一个步长值，到达终点频率后，扫描停止。每按一次【选通】键，扫描过程进行一次)；按【3】，选择为“往返扫描方式”(扫描从始点频率开始，每步增加一个步长值，到达终点频率后，改为每步减小一个步长值扫描至始点频率，如此往返重复扫描过程)。

(5) 扫描启动和停止：扫描参数设定后，按【选通】键，显示出“F SWEEP”表示频率扫描功能已启动，按任意键可使扫描停止。扫描停止后，输出信号便保持在停止时的状态不再改变。无论扫描过程是否正在进行，按【选通】键都可使扫描过程重新启动。

(6) 手动扫描：扫描过程停止后，可用步进键进行手动扫描，每按1次【∧】键，频率增加一个步长值，每按1次【∨】键，频率减小一个步长值，这样可逐点观察扫描过程的细节变化。

2）“幅度”扫描

在“扫描”功能下按【幅度】键，显示出当前幅度值。设定幅度扫描参数(如始点幅度、终点幅度、步长幅度、间隔时间、扫描方式等)，其方法与频率扫描类同。按【选通】键，显示出“A SWEEP”表示幅度扫描功能已启动，按任意键可使扫描过程停止。

4. “调幅”功能的使用

按【功能】键，选择“调幅”，“输出 A”端口即有幅度调制信号输出。A 路为载波信号，B 路为调制信号。

1）设定调制信号的频率

按【项目】键选择“B 路频率”，显示出 B 路调制信号的频率，用数字键或调节旋钮可设定调制信号的频率。调制信号的频率应与载波信号频率相适应，一般应是载波信号频率的十分之一。

2）设定调制信号的幅度

按【项目】键选择“B 路幅度”，显示出 B 路调制信号的幅度，用数字键或调节旋钮设定调制信号的幅度。调制信号的幅度越大，幅度调制深度就越大。(注意：调制深度还与载波信号的幅度有关，载波信号的幅度越大，调制深度就越小，因此，可通过改变载波信号的幅度来调整调制深度)

3）外部调制信号的输入

从仪器后面板“调制输入”端口可引入外部调制信号。外部调制信号的幅度应根据调制深度的要求来调整。使用外部调制信号时，应将“B 路频率”设定为 0，以关闭内部调制信号。

5. “猝发”功能的使用

按【功能】键，选择“猝发”，仪器即进入猝发输出状态，可输出一定周期数的脉冲串或对输出信号进行门控。

(1) 设定波形周期数：按【项目】键，选择“计数”，显示出当前输出波形的周期数，用数字键或调节旋钮可设定每组输出的波形周期数。

(2) 设定间隔时间：按【项目】键，选择“间隔”，显示猝发信号的间隔时间值，用数字键或调节旋钮可设定各组输出之间的间隔时间。

(3) 猝发信号的启动和停止：设定好猝发信号的频率、幅度、计数和间隔时间后，按【选通】键，显示出“BURST”，猝发信号开始输出，达到设定的周期数后输出暂停，经设定的时间间隔后又开始输出。如此循环，输出一系列脉冲串波形。按任意键可停止猝发输出。

(4) 门控输出：若“计数”值设定为 0，则为无限多个周期输出。猝发输出启动后，信号便连续输出，直到按任意键输出停止。这样可通过按键对输出信号进行闸门控制。

(5) 单次猝发输出：按【项目】键，选择“单次”，可以输出单次猝发信号，每按一次【选通】键，输出一次设定数目的脉冲串波形。

6. 键控功能的使用

在数字通讯或遥控遥测系统中，对数字信号的传输通常采用频移键控(FSK)或幅移键控(ASK)方式，对载波信号的频率或幅度进行编码调制，在接收端经过解调器再还原成原来的数字信号。

1) 频移键控(FSK)输出

按【功能】键选择“键控”，若当前显示为频率值，仪器则进入 FSK 输出方式，可按【频率】键，设定 FSK 输出参数。按【项目】键，选择“始点频率”，设定载波频率值；按【项目】键，选择“终点频率”，设定跳变频率值；按【项目】键，选择“间隔”，设定两个频率的交替时间间隔。然后按【选通】键，启动 FSK 输出，此时显示出“FSK”。按任意键可使输出停止。

2) 幅移键控(ASK)输出

在【功能】选择为“键控”方式下，按【幅度】键，显示出当前幅度值，仪器进入 ASK 输出方式。各项参数设定方法和输出启动方式与 FSK 类同，不再复述。

7. B 路输出的使用

B 路输出有四种波形(正弦波、方波、三角波、锯齿波)，频率和幅度连续可调，但精度不高，也不能显示准确的数值，主要用作幅度调制信号以及定性的观测实验。

(1) 频率设定：按【项目】键选择“B 路频率”，显示出一个频率调整数字(不是实际频率值)，用数字键或调节旋钮改变此数字即可改变“输出 B”信号的频率。

(2) 幅度设定：按【项目】键选择“B 路幅度”，显示出一个幅度调整数字(不是实际幅度值)，用数字键或调节旋钮改变此数字即可改变“输出 B”信号的幅度。

(3) 波形选择：若当前输出为 B 路，按【快键】→【0】，B 路输出正弦波；按【快键】→【1】，B 路输出方波；按【快键】→【2】，B 路输出三角波；按【快键】→【3】，B 路输出锯齿波。

8. 出错显示功能

由于各种原因使得仪器不能正常运行时，显示屏将会有出错显示：EOP * 或 EOU * 等。EOP * 为操作方法错误显示，例如显示 EOP1，提示您只有在频率和幅度时才能使用【∧】、【∨】键；EOP3，提示您在正弦波时不能输入脉宽；EOP5，提示您“扫描”、“键控”方式只能在频率和幅度时才能触发启动等。EOU * 为超限出错显示，即输入的数据超过了仪器所允许的范围，如显示 EOU1，提示您扫描始点值不能大于终点值；EOU2，提示您频率或周期为 0 不能互换；EOU3，提示输入数据中含有非数字字符或输入数据超过允许值范围等。

2.4　直流稳压电源

直流稳压电源包括恒压源和恒流源。恒压源的作用是提供可调直流电压，其伏安特性十分接近理想电压源；恒流源的作用是提供可调直流电流，其伏安特性十分接近理想电流源。直流稳压电源的种类和型号很多，有独立制作的恒压源和恒流源，也有将两者制成一体的直流稳压电源，但它们的一般功能和使用方法大致相同。现以 HH 系列双路 5 V/3 A 可调直流稳压电源为例介绍直流稳定电源的工作原理和使用方法。

2.4.1　直流稳压电源的基本组成和工作原理

HH 系列双路 5 V/3 A 可调直流稳压电源采用开关型和线性串联双重调节，具有输出电压和电流连续可调，稳压和稳流自动转换，自动限流，短路保护和自动恢复供电等功能。双路电源可通过前面板开关实现两路电源独立供电、串联跟踪供电、并联供电三种工作方式。HH 系列直流稳压电源结构和工作原理框图如图 2－9 所示。它主要由变压器、交流电压转换电路、整流滤波电路、调整电路、输出滤波器、取样电路、CV 比较电路、CC 比较电路、基准电压电路、数码显示电路和供电电路等组成。

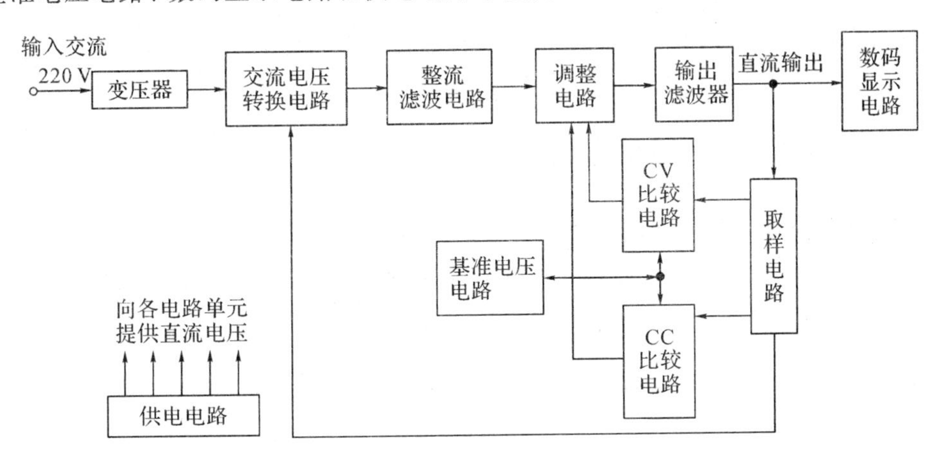

图 2－9　HH 系列直流稳压电源结构和工作原理框图

变压器：变压器的作用是将 220 V 的交流市电转换成多规格交流低电压。

交流电压转换电路：交流电压转换电路主要由运算放大器组成模/数转换控制电路。其作用是将电源输出电压转换成不同数码，通过驱动电路控制继电器动作，达到自动换挡的目的。随着输出电压的变化，模/数转换器输出不同的数码，控制继电器动作，及时调整送入整流滤波电路的输入电压，以保证电源输出电压大范围变化时，调整管两端电压值始终保持在最合理的范围内。

整流滤波电路：将交流低电压进行整流和滤波变成脉动很小的直流电。

调整电路：该电路为串联线性调整器。其作用是通过比较放大器控制调整管，使输出电压/电流稳定。

输出滤波器：其作用是将输出电路中的交流分量进行滤波。

取样电路：对电源输出的电压和电流进行取样，并反馈给CV比较电路、CC比较电路、交流电压转换电路等。

CV比较电路：该电路可以预置输出电流，当输出电流小于预置电流时，电路处于稳压状态，CV比较放大器处于控制优先状态。当输入电压或负载变化时，输出电压发生相应变化，此变化经取样电阻输入到比较放大器、基准电压比较放大器等电路，并控制调整管，使输出电压回到原来的数值，达到输出电压恒定的效果。

CC比较电路：当负载变化输出电流大于预置电流时，CC比较电路处于控制优先状态，对调整管起控制作用。当负载增加使输出电流增大时，比较电阻上的电压降增大，CC比较输出低电平，使调整管电流趋于原来值，恒定在预置的电流上，达到输出电流恒定的效果，以保护电源和负载。

基准电压电路：提供基准电压。

数码显示电路：将输出电压或电流进行模/数转换并显示出来。

供电电路：为仪器的各部分电路提供直流电压。

2.4.2 直流稳压电源的使用方法

1. HH系列双路5 V/3 A直流稳压电源操作面板简介

HH系列双路5 V/3 A直流稳压电源输出电压为0～30 V或0～50 V，输出电流为0～2 A或0～3 A，输出电压/电流从零到额定值均连续可调；固定输出端输出电压为5 V，输出电流为3 A。电压/电流值采用$3\frac{1}{2}$位LED数字显示，并通过开关切换电压/电流显示。HH系列双路5 V/3 A直流稳压电源面板开关、旋钮位置如图2-10所示。

从动(左)路与主动(右)路电源的开关和旋钮基本对称布置，其功能如下：

(1) 从动(左)路LED电压/电流显示窗。

(2) 从动(左)路电压/电流显示切换开关(OUTPUT)：按下此开关显示从动(左)路电流值；弹出则显示电压值。

(3) 从动(左)路恒压输出指示(CV)灯：此灯亮时，从动(左)路为恒压输出。

(4) 从动(左)路恒流输出指示(CC)灯：此灯亮时，从动(左)路为恒流输出。

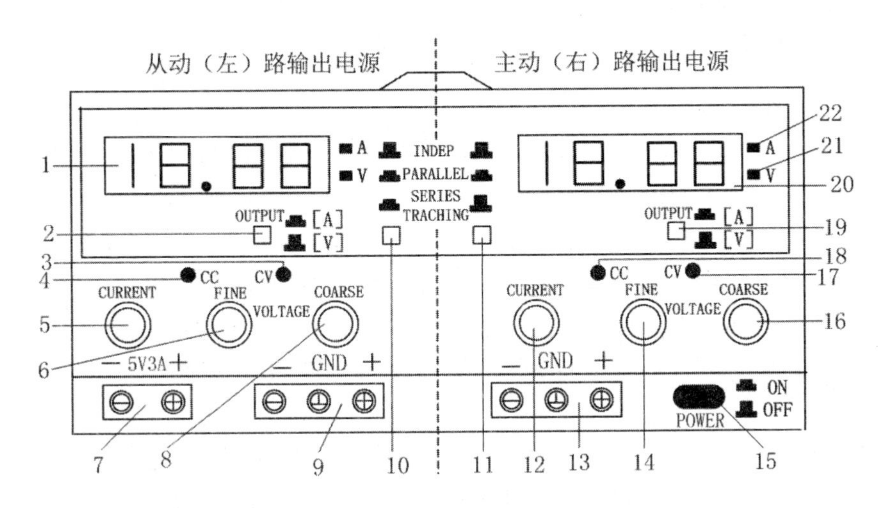

图 2-10　HH 系列直流稳压电源操作面板

(5) 从动(左)路输出电流调节旋钮(CURRENT)：可调节从动(左)路输出电流大小。

(6) 从动(左)路输出电压细调旋钮(FINE)。

(7) 5 V/3 A 固定输出端。

(8) 从动(左)路输出电压粗调旋钮(COARSE)。

(9) 从动(左)路电源输出端：共三个接线端，分别为电源输出正(+)、电源输出负(−)和接地端(GND)。接地端与机壳、电源输入地线连接。

(10) 从动(左)路电源工作状态控制开关。

(11) 主动(右)路电源工作状态控制开关。

(12) 主动(右)路输出电流调节旋钮(CURRENT)：可调节主动(右)路输出电流大小。

(13) 主动(右)路电源输出端。接线端与从动(左)路相同。

(14) 主动(右)路输出电压细调旋钮(FINE)。

(15) 电源开关：按下为开机(ON)；弹出为关机(OFF)。

(16) 主动(右)路输出电压粗调旋钮(COARSE)。

(17) 主动(右)路恒压输出指示(CV)灯：此灯亮时，主动(右)路为恒压输出。

(18) 主动(右)路恒流输出指示(CC)灯：此灯亮时，主动(右)路为恒流输出。

(19) 主动(右)路电压/电流显示切换开关(OUTPUT)：按下此开关显示主动(右)路电流值；弹出则显示电压值。

(20) 主动(右)路 LED 电压/电流显示窗。

(21) 显示状态及数值的单位指示灯(V)：此灯亮，显示数值为电压值，单位为“V”。

(22) 显示状态及数值的单位指示灯(A)：此灯亮，显示数值为电流值，单位为“A”。

2. HH系列双路5 V/3 A直流稳压电源使用方法

1）双路电源独立使用方法

（1）将主动（右）路、从动（左）路电源工作状态控制开关10、11分别置于弹起位置（▀），使主、从动输出电路均处于独立工作状态。

（2）恒压输出调节：将电流调节旋钮顺时针方向调至最大，电压/电流显示切换开关置于电压显示状态（弹起▀），通过电压粗调旋钮和细调旋钮的配合将输出电压调至所需电压值，CV灯常亮，此时直流稳定电源工作于恒压状态。如果负载电流超过电源最大输出电流，CC灯亮，则电源自动进入恒流（限流）状态，随着负载电流的增大，输出电压会下降。

（3）恒流输出调节：按下电压/电流显示切换开关，将其置于电流显示状态（按下▄）。逆时针转动电压调节旋钮至最小。调节输出电流调节旋钮至所需电流值，再将电压调节旋钮调至最大，接上负载，CC灯亮。此时直流稳定电源工作于恒流状态，恒流输出电流为调节值。

如果负载电流未达到调节值时CV灯亮，此时直流稳定电源还是工作于恒压状态。

2）双路电源串联（两路电压跟踪）使用方法

按下从动（左）路电源工作状态控制开关，弹起主动（右）路电源工作状态控制开关。顺时针方向转动两路电流调节旋钮至最大。调节主动（右）路电压调节旋钮，从动（左）路输出电压将完全跟踪主动路输出电压变化，其输出电压为两路输出电压之和即主动路输出正端（＋）与从动路输出负端（－）之间电压值。最高输出电压为两路额定输出电压之和。

当两路电源串联使用时，两路的电流调节仍然是独立的，如从动路电流调节不在最大，而在某限流值上，当负载电流大于该限流值时，则从动路工作于限流状态，不再跟踪主动路的调节。

3）双路电源并联使用方法

主动（右）路、从动（左）路电源工作状态控制开关均按下，从动（左）路电源工作状态指示（CC）灯亮。此时，两路输出处于并联状态，调节主动路电压调节旋钮即可调节输出电压。

当两路电源并联使用时，电流由主动路电流调节旋钮调节，其输出最大电流为两路额定电流之和。

2.4.3 HH系列双路5 V/3 A直流稳压电源使用注意事项

（1）两路输出负（－）端与接地（GND）端不应有连接片，否则会引起电源短路。

（2）连接负载前，应调节电流调节旋钮使输出电流大于负载电流值，以有效保护负载。

2.5　双踪示波器

示波器是能够把电信号的变化规律转换成可直接观察的波形的电子仪器，并且根据信号的波形可以对电信号的多种参量进行测量，如信号的电压幅度、周期、频率、相位差、脉冲宽度等。因此，示波器是电子技术中最常用的仪器，现以 DF4326 型双踪示波器为例，介绍示波器的基本使用方法。

2.5.1　DF4326 型双踪示波器面板介绍

DF4326 双踪示波器面板如图 2－11 所示，各控制旋钮和按键的功能列于表 2－2 中。

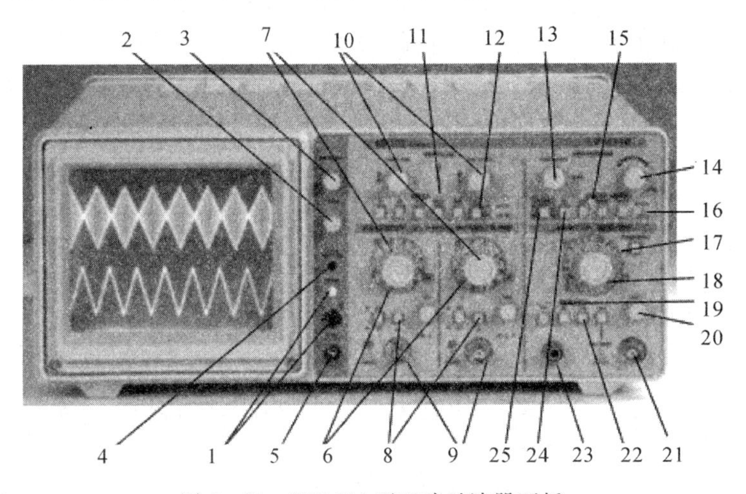

图 2－11　DF4326 型双踪示波器面板

表 2－2　DF4326 型双踪示波器面板介绍

序 号	控制件名称	功　　能
1	电源开关及指示灯	按下开关键，电源接通，指示灯亮；弹起开关键，断电，指示灯灭
2	聚焦旋钮	调节扫描轨迹清晰度
3	亮度旋钮	调节扫描轨迹亮度
4	轨迹旋转	当扫描线与水平刻度线不平行时，调节该处可使其与水平刻度线平行
5	校准信号	提供幅度为 0.5 V，频率为 1 kHz 的方波信号，用于检测垂直和水平电路的基本功能

续表一

序号	控制件名称	功能
6	垂直偏转因数旋钮	用于Y1、Y2通道垂直偏转灵敏度的调节，共12挡
7	垂直偏转电压微调	用于连续调节Y1、Y2通道垂直偏转灵敏度，顺时针旋足为校正位置
8	耦合方式选择键	用于选择被测信号馈入的耦合方式，有AC、⊥、DC三种方式
9	Y1或X；Y2或Y	被测信号的输入端口：左为Y1或X通道；右为Y2或Y通道
10	垂直移位旋钮	调整轨迹的垂直位置：左旋钮控制Y1通道，右旋钮控制Y2通道
11	方式(垂直通道的工作方式选择键)	Y1或Y2：通道Y1或通道Y2单独显示； 交替：两个通道交替显示； 断续：两个通道断续显示，用于扫描速度较低时的双踪显示； 相加：用于显示两个通道的代数和或差
12	Y2极性转换键	Y2通道信号的极性转换。Y1、Y2通道工作在“相加”方式时，选择“正常”或“倒相”可分别获得两个通道代数和或差的显示
13	水平移位旋钮	用于调节轨迹在屏幕中的水平位置
14	触发电平旋钮	用于调节被测信号在某一电平触发扫描
15	扫描方式选择键	自动：信号频率在20 Hz以上时选用此种工作方式； 常态：无触发信号时，屏幕无光迹显示，在被测信号频率较低时选用； 单次：只触发一次扫描，用于显示或拍摄非重复信号
16	触发准备指示灯	在被触发扫描时指示灯亮。当单次扫描时，灯亮指示扫描电路处于触发等待状态
17	扫描速度调节旋钮	用于调节扫描速度，共20挡
18	扫描微调、扩展(拉)	用于连续调节扫描速度，旋钮顺时针旋足为校正位置，旋钮拉出时扫描速度扩大5倍
19	触发源选择键	用于选择触发的源信号，从左至右依次为：Y1、Y2、电源、外触发；当同时按下Y1、Y2时为交替触发
20	电视场触发	专用触发源按键，当测量电视场频信号时按下此键有利于波形稳定
21	外触发输入	选择外触发方式时触发信号输入插座

续表二

序号	控制件名称	功能
22	交替扩展键	按下此键，交替扩展扫描因数(×1、×5)同时显示
23	接地	安全接地，可用于信号的连接
24	触发极性	用于选择被测信号的上升沿或下降沿触发扫描
25	扫线分离	用螺丝刀插入该孔内调节电位器，可调节扩展以后(×5)的光迹与×1光迹之间距离

2.5.2 DF4326型双踪示波器主要技术性能

1. 垂直偏转系统

(1) 偏转因数范围：5～20 mV/div，按1—2—5顺序分12挡，精度±5%。

(2) 微调控制范围：>2.5∶1。

(3) 上升时间：5～35℃：≤17.5 ns；0～5℃或35～40℃：≤23.3 ns。

(4) 宽度(−3 dB)：5～35℃：≥20 MHz；5～35℃：≥15 MHz。

(5) AC耦合下限频率：≤10 Hz。

(6) 输入阻抗：1 MΩ±2%//30pF±5pF。

(7) 最大安全输入电压：400 V (DC+AC peak)。

2. 触发系统

(1) 触发灵敏度：常态或自动方式：内1.5 div，外0.5 V；电视场方式(复合同步信号测试)：内1 div，外0.3 V。

(2)“自动”方式的下限触发频率：≤20 Hz。

3. 水平偏转系统

(1) 扫描时间因数范围：0.1 μs/div～0.2 s/div，按1—2—5顺序分20挡，使用扩展×5时(扫描微调旋钮拉出)，最快扫描速率为20 ns/div。精度：×1：±5%；×5：±8%。

(2) 微调控制范围：≥2.5∶1。

(3) 扫描线性：×1：±5%；×5：±10%。

(4) 交替扩展扫描：二～四踪。

(5) 光迹分离微调：≤1 div。

4. X－Y方式

(1) 偏转因数：同垂直偏转系统。

(2) 带宽(−3 dB)：DC～1 MHz。

(3) X − Y 相位差：≤3°(DC～50 kHz)。

5. 校准信号

方波，幅度为0.5 V±2%，频率为1 kHz±2%。

6. 电源

电压范围：99～121 V(110 V 系统)；198～242 V(220 V 系统)。电源频率：48～62 Hz。最大耗电功率：36 W。

2.5.3 DF4326型双踪示波器基本操作

1. 面板一般功能的检查和校准

(1) 将有关控制旋钮和按键置于表2-3所示位置。

表2-3 面板功能检查和校准

控制件名称	作用位置	控制件名称	作用位置
亮度	居中	输入耦合	DC
聚焦	居中	扫描方式	自动
移位(三只)	居中	触发极性	+
垂直方式	Y1	扫描速率	0.5 ms/div
垂直偏转因数	0.1 V	触发源	Y1
垂直偏转电压微调	顺时针旋足	耦合方式	常态

(2) 接通电源，电源指示灯亮，稍等预热，屏幕中出现光迹，分别调节亮度和聚焦旋钮，使光迹的亮度适中、清晰；如果扫描光迹与水平刻度线不平行，用起子调整前面板“轨迹旋转”控制器使光迹与水平刻度平行。

(3) 通过连接电缆将本机校准信号输入至Y1通道。

(4) 调节触发电平旋钮使波形稳定，分别调节垂直移位和水平移位，使波形与图2-12相吻合，表明垂直系统和水平系统校准。如果不相吻合，需要分别调节机内垂直增益校正电位器1R98和扫描速度校正电位器4R53直至吻合。

(5) 把连接电缆换至Y2通道插座，垂直方式置“Y2”，重复(4)操作。

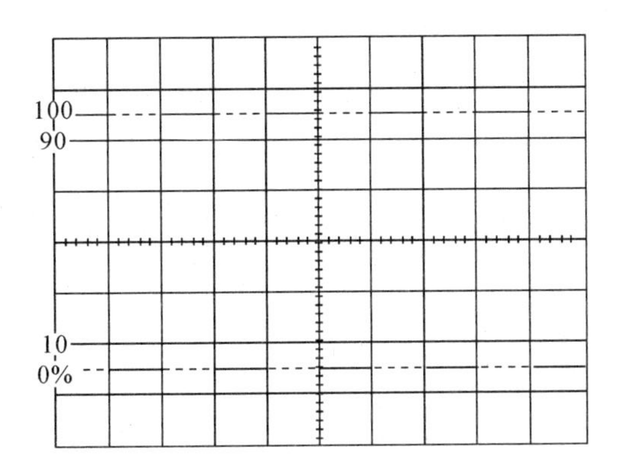

图 2-12 双踪示波器校准

2. 垂直系统的操作

1）垂直方式的选择

当只需要观察一路信号时，按下“方式”选择键中的“Y1”或“Y2”，此时被选中的通道有效，被测信号可从相应的通道端口输入；当需要同时观察两路信号时，按下“方式”选择键中的“交替”键，该方式使两个通道的信号得到交替显示，交替显示的频率受到扫描周期控制。当扫描在低速挡时，交替方式的显示将会出现闪烁，此时应按下“断续”工作键；当需要观察两路信号的代数和时，按下“方式”选择键中的“相加”键，在选择该方式时，两个通道的衰减设置必须一致，如果将 Y2 极性转换的“倒相”键按下，可得到两个信号相减的显示。

2）输入耦合选择

直流耦合：适用于观察包含直流成分的被测信号，如信号的逻辑电平和静态信号的直流电平，当被观测信号的频率很低时，也必须采用该方式。

交流耦合：信号中的直流成分被隔断，用于观测信号的交流成分，如观察较高直流电平中的小信号。

接地：通道输入端接地（输入信号断开）用于确定输入为零时光迹所在位置。

3. 水平系统的操作

1）扫描速度的设定

扫速范围从 0.1 μs/div 到 0.2 s/div 按 1—2—5 进位分二十挡步进，“微调”可提供至少 2.5 倍的连续调节，测量时根据被测信号频率的高低，选择合适的挡级。在微调顺时针旋足至校正位置时，可根据刻度盘的指示值和波形在水平轴方向上的距离读出被测信号的时间参数。当需要观察波形的某一个细节时，可拉出扩展旋钮，此时原波形在水平方向被扩展 5 倍。

2）交替扩展按键

按下此键，扫描因数×1、×5同时显示，此时要把扫速放大部分移到屏幕中心，便于观察。扩展后的光迹分离由光迹分离控制电位器进行调节，分离后的光迹与×1光迹距离1格或更远。

同时使用垂直交替和水平交替扩展能在屏幕上同时显示四条光迹。

4. 触发控制

1）扫描触发方式的选择

自动：当无触发信号输入时，屏幕上显示水平扫描光迹，一旦有触发信号输入，电路自动转换为触发扫描状态，调节电平可使波形稳定地显示在屏幕上，此方式是观察频率在20 Hz以上信号最常用的一种方式。

常态：无信号输入时，屏幕上无光迹显示，当有信号输入时，触发电平调节在合适的位置上，电路被触发扫描，当被测信号频率低于20 Hz时，必须选择该方式。

单次：用于产生单次扫描，按动此键扫描方式开关均被复位，电路工作在单次扫描方式，"准备"指示灯亮，扫描电路处于等待状态，当触发信号输入时，扫描产生一次，"准备"指示灯灭，下次扫描需再次按动"单次"按键。

2）触发源的选择

当垂直通道工作于"交替"或"断续"方式时，触发源选择某一通道，可用于两通道时间或相位的比较，当两通道的信号(相关信号)频率有差异时，应选择频率低的那个通道用于触发。

在单踪显示时，触发源选择无论是置"Y1"或"Y2"，其触发信号都来自于被显示的通道。

在双踪交替触发显示时，触发信号交替来自于两个Y通道，此方式可用于同时观察两路不相关信号(注意：使用这种状态时，两个不相关信号的频率不应相差很大)。

3）极性的选择

用于选择触发信号的上升或下降沿去触发扫描。

4）电平的设置

用于调节被测信号在某一合适的电平上启动扫描，当产生触发扫描后，"准备"指示灯亮。

5）耦合方式的选择

触发信号输入的耦合方式选择，内、外触发信号的耦合方式被固定于直流状态。当需观察电视场信号时，按下“电视场触发”键，并同时根据电视信号的极性，置触发极性于相应位置可获得稳定的电视场信号的同步。

2.6 交流毫伏表

交流毫伏表是电工、电子实验中用来测量交流电压有效值的常用电子测量仪器。其优点是测量电压范围广、频率宽、输入阻抗高、灵敏度高等。交流毫伏表种类很多，现以 AS2294D 型交流毫伏表为例介绍其结构特点、测量方法及使用注意事项等。

2.6.1 AS2294D 型交流毫伏表的结构特点及面板介绍

AS2294D 型双通道交流毫伏表由两组性能相同的集成电路及晶体管放大电路和表头指示电路组成，如图 2-13 所示。其表头采用同轴双指针式电表，可进行双路交流电压的同时测量和比较，“同步/异步”操作给立体声双通道测量带来方便。该表测量电压范围为 30 μV～300 V，共 13 挡；频率范围为 5 Hz～2 MHz；测量电平范围为－90～＋50 dBV 和－90～＋52 dBm。

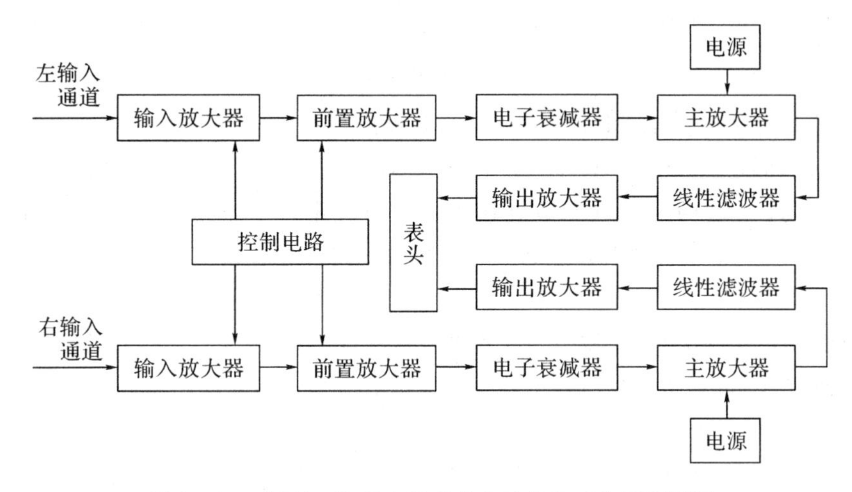

图 2-13 AS2294D 型交流毫伏表结构和工作原理框图

AS2294D 型双通道交流毫伏表前后面板如图 2-14 所示。各控制旋钮和按键的功能如下：

(1) 左通道输入(L IN)插座：输入被测交流电压。

(2) 左通道量程调节(L CHRANGE)旋钮(灰色)。

(3) 右通道输入(R IN)插座：输入被测交流电压。

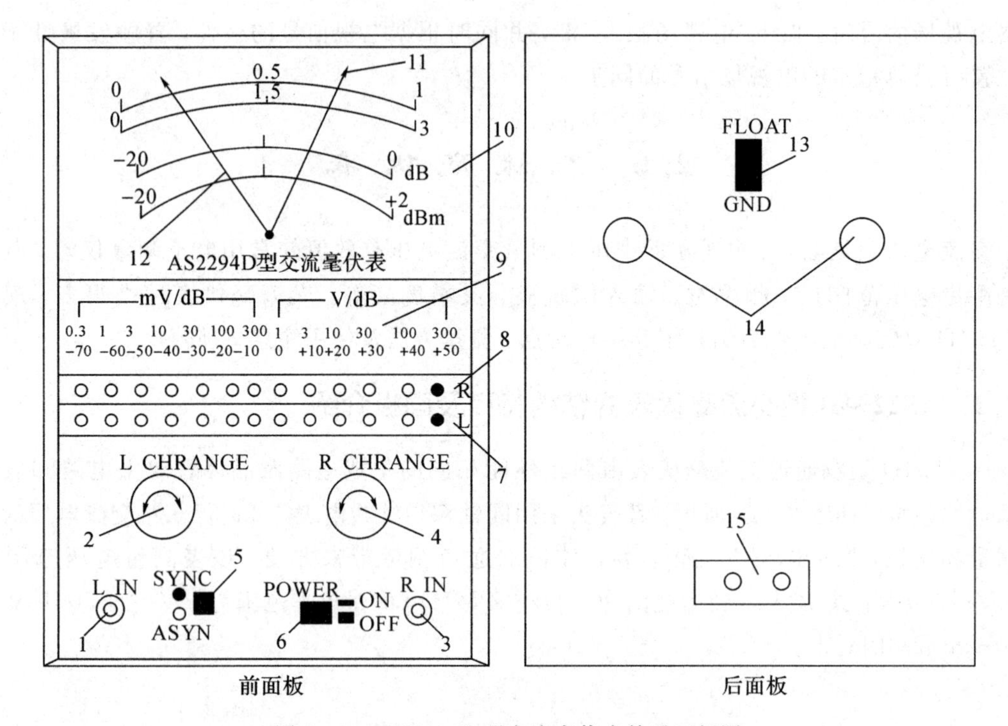

图 2-14　AS2294D 型交流毫伏表前后面板图

(4) 右通道量程调节(R CHRANGE)旋钮(橘红色)。

(5) SYNC(同步)/ASYN(异步)按键："SYNC"即橘红色灯亮时，左右量程调节旋钮进入同步调整状态，旋转两个量程调节旋钮中的任意一个，另一个的量程也跟随同步改变；"ASYN"即绿灯亮时，量程调节旋钮进入异步状态，转动量程调节旋钮，只改变相应通道的量程。

(6) 电源(POWER)开关：按下，仪器电源接通(ON)；弹起，仪器电源被切断(OFF)。

(7) 左通道(L)量程指示灯(绿色)：绿色指示灯所亮位置对应的量程为该通道当前所选量程。

(8) 右通道(R)量程指示灯(橘红色)：橘红色指示灯所亮位置对应的量程为该通道当前所选量程。

(9) 电压/电平量程：共 13 挡，分别是：0.3 mV/－70 dB、1 mV/－60 dB、3 mV/－50 dB、10 mV/－40 dB、30 mV/－30 dB、100 mV/－20 dB、300 mV/－10 dB、1V/0 dB、3 V/＋10 dB、10 V/＋20 dB、30 V/＋30 dB、100 V/＋40 dB、300 V/＋50 dB。

(10) 表刻度盘：共四条刻度线，由上到下分别是 0～1、0～3、－20～0 dB、－20～＋2 dBm。测量电压时，若所选量程是 10 的倍数，读数看 0～1 即第一条刻度线；若所选量程是 3 的倍数，读数看 0～3 即第二条刻度线。当前所选量程均指指针从 0 达到满刻度时的电压值，具体每一大格及每一小格所代表的电压值应根据所选量程确定。

(11) 红色指针：指示右通道输入(R IN)交流电压的有效值。

(12) 黑色指针：指示左通道输入(L IN)交流电压的有效值。

(13) FLOAT(浮置)/GND(接地)开关。

(14) 信号输出插座。

(15) 220 V 交流电源输入插座。

2.6.2 AS2294D 型交流毫伏表的测量方法和浮置功能的应用

1. 交流电压的测量

AS2294D 型交流毫伏表实际上是两个独立的电压表，因此它可作为两个单独的电压表使用。测量时，先将被测电压正确地接入所选输入通道，然后根据所选通道的量程开关及表针指示位置读取被测电压值。

2. 异步状态测量

当被测的两个电压值相差较大，如测量放大电路的电压放大倍数或增益时，可将仪器置于异步状态进行测量，测量方法如图 2-15 所示。按下“同步/异步”键使“ASYN”灯亮，将被测放大电路的输入信号 u_i 和输出信号 u_o 分别接到左、右通道的输入端，从两个不同的量程开关和表针指示的电压值或 dB 值，就可算出(或直接读出)放大电路的电压放大倍数(或增益)。如输入左(L IN)通道的指示值 $u_i=10$ mV(−40 dB)，输入右(R IN)通道的指示值 $u_o=0.5$ V(−6 dB)，则电压放大倍数 $\beta=u_o(0.5\times103\ \text{mV})/u_i(10\ \text{mV})=50$；直接读取的电压增益 dB 值为：−6 dB−(−40 dB)=34 dB。

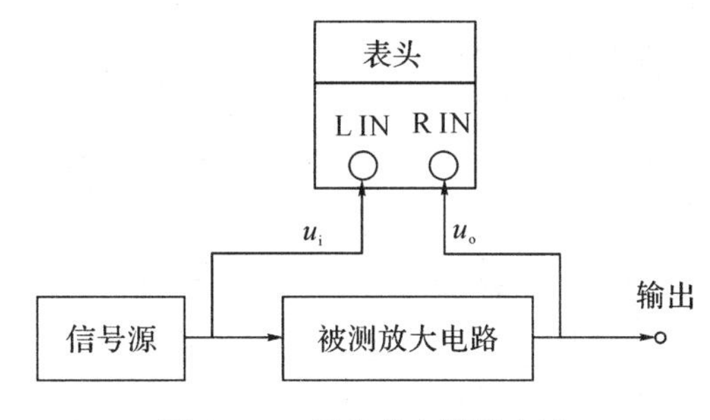

图 2-15　异步状态测量方法

3. 同步状态测量

同步状态测量适合于测量立体声录放磁头的灵敏度、录放前置均衡电路及功率放大电路等。由于两路电压表的性能、量程相同，因此可直接读出两个被测声道的不平衡度。测量方法如图2-16所示。将"同步/异步"键置于同步状态即"SYNC"灯亮，分别接入L、R立体声的左右放大器。如性能相同(平衡)，红黑表针应重合；如不重合，则可读出不平衡度的dB值。

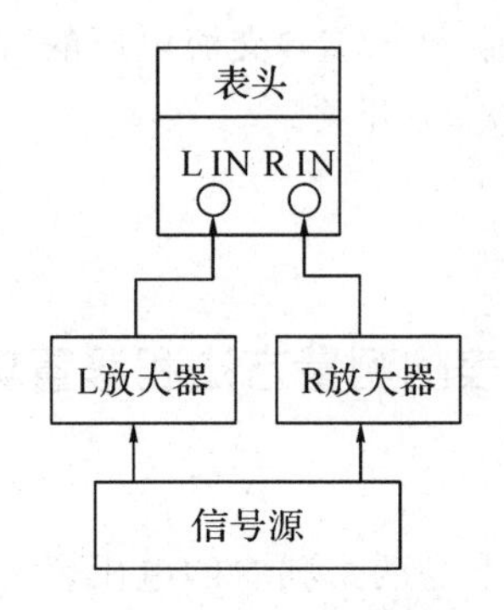

图2-16　同步状态测量方法

4. 浮置功能的应用

在测量差动放大电路双端输出电压时，电路的两个输出端都不能接地，否则会引起测量结果不准，此时可将后面板上的浮置/接地开关上扳，采用浮置方式测量。

某些需要防止地线干扰的放大器或带有直流电压输出的端子及元器件两端电压的在线测量等均可采用浮置方式测量，以免公共接地带来的干扰或短路。

在音频信号传输中，有时需要平衡传输，此时测量其电平时，应采用浮置功能。

2.6.3　AS2294D型交流毫伏表使用注意事项

(1) 测量时仪器应垂直放置，即仪器表面应垂直于桌面。

(2) 所测交流电压中的直流分量不得大于100 V。

(3) 测量30 V以上电压时，应注意安全。

(4) 接通电源及转换量程开关时，由于电容放电过程，指针有晃动现象，应待指针稳定后方可读数。

(5) 测量时应根据被测量大小选择合适的量程，一般应取被测量的1.2～2倍即使指针偏转1/2以上。在无法预知被测量大小的情况下先用大量程挡，然后逐渐减小量程至合适挡位。

(6) 毫伏表属不平衡式仪表且灵敏度很高，测量时黑夹子必须牢固接被测电路的"公共地"，与其他仪器连用时还应正确"共地"，红夹子接测试点。接、拆电路时注意顺序，测试时先接黑夹子，后接红夹子；测量完毕，应先拆红夹子，后拆黑夹子。

(7) 仪器应避免剧烈振动，周围不应有高热及强磁场干扰。

(8) 仪器面板上的开关不应剧烈、频繁扳动，以免造成人为损坏。

2.7　三相功率表

三相功率表是应用数字采样技术，对三相电气线路中的相线电压、相线电流、有功和无功功率、频率、功率因数、有功电能等进行实时测量显示与控制的仪表。三相功率表由CPU实时采样、转换并输出标准电流或电压信号，与远距离数据终端相连，广泛应用于电力、邮电、石油、冶金、铁道、智能大厦等行业、部门的电气装置、自动控制以及调度系统。现以HC－503型数显功率表为例，介绍三相功率表的工作原理和使用方法。

2.7.1　HC－503型数显功率表主要技术指标

(1) 基本误差：0.2%FS±1个字。

(2) 分辨力：1、0.1。

(3) 显示：三排四位LED数码管显示。分别显示电压、电流、功率因数、有功功率。

(4) 输入信号：标称输入AC/DC电流5 A，电压100 V、220 V、380 V。

(5) 过载能力：持续1.2倍；瞬时电流2倍/1秒，瞬时电压2倍/1秒。

(6) 报警输出：二限报警或四限报警，每个输出根据需要可设定为上限报警、下限报警或禁止使用，继电器输出触点容量AC220 V/3 A或AC220 V/1 A。

(7) 变送输出：4～20 mA(负载电阻≤500 Ω)、0～10 mA(负载电阻≤1000 Ω)1～5 V、0～5 V(负载电阻≥200 kΩ)。

(8) 通信输出：接口方式可采用隔离串行双向通信接口RS485/RS422/RS232/Modem，波特率可在300～9600 b/s范围内由内部自由设定。

(9) 电源：开关电源85～265VAC。

(10) 功耗：4 W。

(11) 环境温度：0～50℃。

(12) 环境湿度：＜85%RH。

2.7.2　HC－503型数显功率表操作说明

1. 面板说明

HC－503型数显功率表面板如图2－17所示。

HA指示灯亮——电压显示(三排从上到下依次显示AC相、AB相、BC相电压)。

LA指示灯亮——三排从上到下依次显示电流、功率因数、功率。

图 2－17　HC－503 型数显功率表面板

OUT 指示灯亮——上排显示 Hz，中间显示电网频率。上排显示 uAH，中间显示有功电能高 4 位，下排显示有功电能低 4 位。

COM——通信指示灯。

2. 上电自检

(1) 按仪表的端子接线图连接好仪表的电源、输入、输出、报警等接线。

(2) 仔细检查仪表的接线，正确无误后方可打开电源。

(3) 接通电源后仪表上排显示 HELO 下排显示 PASS 字样表示仪表自检通过，仪表采用人机对话形式来输入参数，用各种提示符来提示应输入的数据。

3. 按键功能

SET——在设定状态时，用于存储参数的新设定值并选择下一个设定参数。

▲——在设定状态时，用于增加设定值。

▼——在设定状态时，用于减少设定值。

A/M——选择，可分别选择显示各种电量参数。

●——按此键显示三相电流。

4. 参数设定

在设定状态下，仪表上排窗口显示参数提示符，中间排窗口显示设定值。如果设定过程中 12 秒钟不改变参数，则仪表自动返回运行。

参数设定如下：

(1) 按下 SET 键，上排显示－Cd－，中排显示 1230，用▲和▼键将 1230 设成 1234，再按 SET 键才进入参数设置状态，输入其他值无效，这主要是为了防止现场非操作人员误修改参数。

(2) U－nd——电压小数点设定，范围 0～3(出厂值为 1)。

(3) U－PH——电压满量程设定。

(4) I－nd——电流小数点设定，范围 0～3(出厂值为 3)。

(5) I－PH——电流输入满量程设定。(配接电流互感器，仪表输入为 5 A 电流，出厂值为 5.000)如用户接了 50 A/5 A 的互感器，则 I－nd＝2，I－PH＝50.00。

(6) A－UF——电压 AC 相调整满度校正系数，取值范围 0.500～2.000，修正后显示值＝A－UF×修正前量值，出厂值 A－UF ＝1.000。

(7) A－IF——电流 A 相调整满度校正系数，取值范围 0.500～2.000，修正后显示值＝A－IF×修正前量值，出厂值 A－IF ＝1.000。

(8) B－UF——电压 AB 相调整满度校正系数，取值范围 0.500～2.000，修正后显示值＝B－UF×修正前量值，出厂值 B－UF ＝1.000。

(9) B－IF——电流 B 相调整满度校正系数，取值范围 0.500～2.000，修正后显示值＝B－IF×修正前量值，出厂值 B－IF ＝1.000。

(10) C－UF——电压 BC 相调整满度校正系数，取值范围 0.500～2.000，修正后显示值＝ C－UF×修正前量值，出厂值 C－UF ＝1.000。

(11) C－IF——电流 C 相调整满度校正系数，取值范围 0.500～2.000，修正后显示值＝C－IF×修正前量值，出厂值 C－IF ＝1.000。

(12) q－HA——功率上限报警设定值。

(13) q－LA——功率下限报警设定值。

(14) q－bL——功率变送输出下限时对应的仪表量程下限。

(15) q－bH——功率变送输出上限时对应的仪表量程上限。

(16) disp——面板显示选择，范围 0～4，设 0 是巡检显示，设 1 显示电压，设 2 显示电流、功率因数、功率，设 3 显示电网频率，设 4 显示电能累积。

(17) Addr——通信地址即仪表编号，范围 1～99。

(18) bAUd——通信的波特率，范围 1200～9600。

(19) C－oP——选择通信协议，设为 ON 时为 Modbus 协议，设为 OFF 为本公司开发的协议。

5. 报警

仪表可以对功率进行报警。大于报警上限时，HA 报警；小于报警下限时，LA 报警。

(1) 当仪表进入 HA 警点报警状态时，HA 指示灯亮，且相应继电器 HA 常开触点闭合。

(2) 当仪表进入 LA 警点报警状态时，LA 指示灯亮，且相应继电器 LA 常开触点闭合。

6. 变送输出

仪表可把测量功率值变送输出为标准信号(4～20 mA、0～20 mA、0～10 mA、0～

5 V、1～5 V)，测量值变送范围由“q－bL”及“q－bH”参数确定。如要求 0.000 kW 时输出 4 mA，5.000 kW 时输出 20 mA，则 q－bL＝0.000，q－bH＝5.000。那么显示 2.500 时，输出 12.00 mA。

7. 通信说明

本仪表可另配 RS232、RS485/422 接口，直接与计算机通信。RS232 接口的 TXD、RXD、GND 分别接计算机串口的第 2、3、5 管脚。数据格式为 1 个起始位、8 个数据位、无奇偶校验、1 个停止位。

2.7.3 HC－503 型数显功率表使用注意事项

(1) 在使用前必须仔细阅读使用说明书，严格按照说明书规定的方法进行接线和操作设定，根据实际需要进行功能选择，否则会影响到使用安全和仪表的正常运行。

(2) 请按照规定的相位接入电流、电压信号，切勿接反。

(3) 未经许可，不得擅自拆开仪表。

第3章 基础实验

本章包括直流电路实验和交流电路实验，是电工技术实验的基础。直流电路实验侧重于对基本概念、基本定理的验证，培养学生正确测量、数据分析及排查故障的基本能力。交流电路实验侧重于对各种电路现象的观察、分析和总结，加深学生对较为抽象的交流电路现象的理解。认真完成本章实验，是高质量完成全部电工学实验的必要条件。

3.1 电工测量仪表的使用

一、实验目的

(1) 熟悉电工实验台，掌握使用常用电工仪表测量电流、电压、功率和电阻的基本方法。

(2) 理解电源端电压和负载电流的关系。

(3) 熟悉实验的操作步骤及电流表、电压表的使用方法。

二、实验仪器与设备

序号	名称	型号与规格	数量	备注
1	可调直流稳压电源	0～30 V	1	
2	万用表	MF-47或其他	1	自备
3	直流数字毫安表	0～200 mA	1	
4	直流数字电压表	0～200 V	1	
5	线性电阻器	200 Ω、460 Ω/2 W、1 kΩ	1	

三、原理说明

1. 电流的测量

测量电路中的电流值时，要按被测量电流的种类及量值的大小选择合适量程的交直流电流表。要将电流表串联在被测电流的电路中。电流表本身内阻很小，切不可将电流表误接在某一有电压的元件两端，以免烧坏电流表。测量直流电流时还应注意电流表的正负极性，本实验所配备的直流电流表及电压表连接口已标明“+”、“-”标志，实验时请注意。

2. 电压的测量

测量电路中的电压值时，可按被测电压的种类和大小来选择合适量程的直流电压表或交流电压表。电压表本身内阻很大，不可将电压表串接入某一支路，以免影响整个电路的正常工作。测量直流电压时还应注意电压表的正、负极性，应将电压表的正极接到被测电压的高电位端。

3. 功率的测量

本实验所需功率表由用户自行配备。

测量电路功率的功率表一般是电动式仪表。电动式功率表既可测量直流功率，也可测量交流功率(有功功率)。直流电路的功率可以用测量直流电流和直流电压然后取其乘积的方法求得。使用功率表应根据功率表上所注明的电压、电流量限，将电流线圈(固定线圈)串联在被测电路中，电压线圈(可动线圈)并联在被测电路的两端。

由于功率表是多量限的，所以它的标度尺上只标有分格数。选用不同电流量限和电压量限时，每一分格数代表不同的瓦数。在读数时要注意实际值与指针读数间的换算关系。

功率表每格表示的功率数为

$$\text{瓦/格}=\frac{U_m I_m}{N_m}$$

式中：U_m 为电压线圈量限值；I_m 为电流线圈量限值；N_m 为功率表满刻度格数。

被测功率的数值为

$$P=\frac{U_m I_m}{N_m}\times N$$

式中，N 表示功率表指示格数。

在被测电路功率因数 $\cos\Phi$ 很低时，应选用低功率因数功率表。低功率因数功率表的使用方法与普通功率表相同，其每格表示的功率数为

$$\text{瓦/格}=\frac{U_m I_m \cos\Phi_m}{N_m}$$

式中，$\cos\Phi_m$ 表示仪表在满刻度时的额定因数，比值标在表盘面上。

4. 万用表的使用

万用表是一种可以测量交直流电压、电流和电阻等电量的多功能电表。一般万用表有一转换开关，以选择测量项目和量程；有两个测量端钮，接表笔，以输入被测量；有一个欧姆零位调节旋钮，用以测量电阻时校准零位；表头上装有表盘，指示被测电量的数值。

用万用表测量交流电压、直流电压、直流电流的方法与用电压表、电流表的测量方法相同，使用时只需注意测量项目和量程选择即可。

四、实验步骤及内容

(1) 取出相应元件盒插入通用底板，按图 3-1 连接好线路。

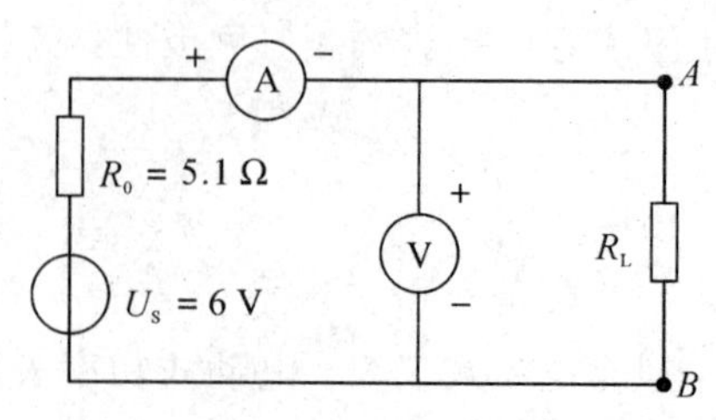

图 3-1　电路原理图

(2) 当图中 A、B 两端开路时，读出电流表和电压表的数值。

(3) 在图中 A、B 两端接入 1 kΩ 电位器元件盒，使其阻值分别为 1 kΩ、400 Ω、200 Ω，读出对应的电流表和电压表的值(阻值用万用表测量)。

(4) 记录测量数据，填入表 3-1。

表 3-1　电压、电流测量记录表

负载电阻/Ω	实测电流/mA	计算电流/mA	实测电压/V	计算电压/V
1 k				
400				
200				

五、实验注意事项

在实际工程测量中，一般应先用最高量程挡去测量被测值，粗知被测值后再选用合适的挡位进行准确测量。

六、实验报告

(1) 完成各项实验内容的计算。

(2) 总结实验收获与体会。

七、思考题

为什么在实际工程测量中，一般应先用最高量程挡去测量被测值，粗知被测值后再选用合适的挡位进行准确测量？

3.2　减小仪表测量误差的方法

一、实验目的

(1) 进一步了解电压表、电流表的内阻在测量过程中产生的误差及其分析方法。

(2) 掌握减小因仪表内阻所引起的测量误差的方法。

二、实验仪器与设备

序　号	名　称	型号与规格	数　量	备　注
1	直流稳压电源	0～30 V	1	
2	指针式万用表	MF－47 或其他	1	自备
3	直流数字毫安表	0～200 mA	1	
4	可调电阻箱	0～9999.9 Ω	1	
5	电阻器	按需选择		

三、原理说明

减小因仪表内阻而产生的测量误差的方法有以下两种。

1. 不同量限两次测量计算法

当电压表的灵敏度不够高或电流表的内阻太大时，可利用多量限仪表对同一被测量用不同量限进行两次测量，用所得读数经计算后可得到较准确的结果。

如图 3－2 所示电路，欲测量具有较大内阻 R_0 的电动势 U_S 的开路电压 U_o 时，如果所用电压表的内阻 R_V 与 R_0 相差不大，将会产生很大的测量误差。

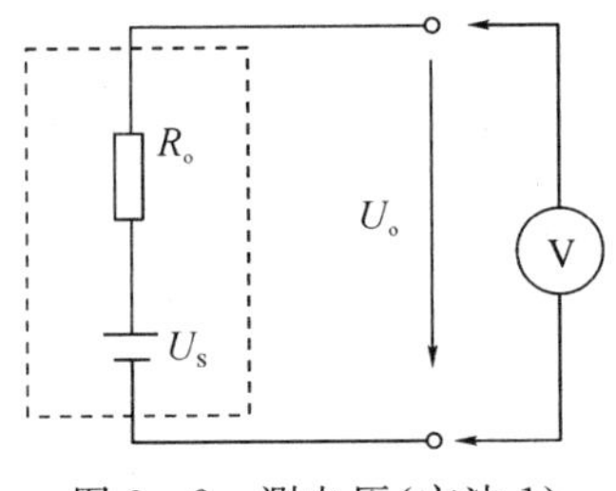

图 3－2　测电压(方法 1)

设电压表有两挡量限，U_1、U_2分别为在这两个不同量限下测得的电压值，令R_{V1}和R_{V2}分别为这两个相应量限的内阻，则由图 3-2 可得出

$$U_1=\frac{R_{V1}}{R_0+R_{V1}}\times U_S,\quad U_2=\frac{R_{V2}}{R_0+R_{V2}}\times U_S$$

由以上两式可解得U_S和R_0。其中U_S(即U_o)为

$$U_S=\frac{U_1U_2(R_{V2}-R_{V1})}{U_1R_{V2}-U_2R_{V1}}$$

由此式可知，当电源内阻R_0与电压表的内阻R_V相差不大时，通过上述的两次测量结果，即可计算出开路电压U_o的大小，且其准确度要比单次测量好得多。

对于电流表，当其内阻较大时，也可用类似的方法测得较准确的结果。如图 3-3 所示电路，不接入电流表时的电流为$I=\frac{U_S}{R}$，接入内阻为R_A的电流表Ⓐ时，电路中的电流变为$I'=\frac{U_S}{R+R_A}$，如果$R_A=R$，则$I'=I/2$，出现很大的误差。

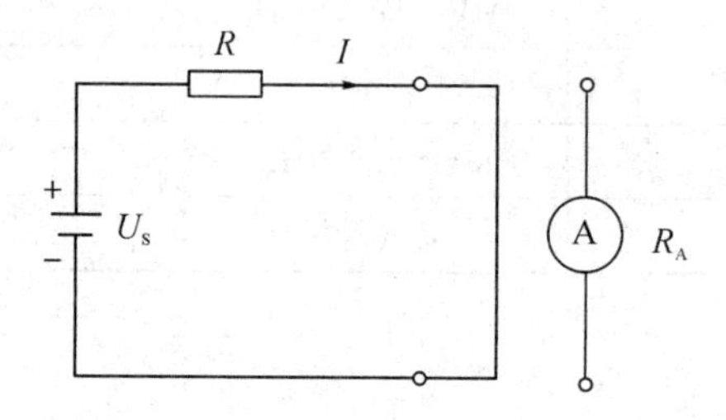

图 3-3　测电流(方法 1)

如果用有不同内阻R_{A1}、R_{A2}的两挡量限的电流表进行两次测量并经简单的计算，就可得到较准确的电流值。

按图 3-3 连接电路，两次测量得

$$I_1=\frac{U_S}{R+R_{A1}},\quad I_2=\frac{U_S}{R+R_{A2}}$$

由以上两式可解得U_S和R，进而可得

$$I=\frac{U_S}{R}=\frac{I_1I_2(R_{A1}-R_{A2})}{I_1R_{A1}-I_2R_{A2}}$$

2. 同一量限两次测量计算法

如果电压表(或电流表)只有一挡量限，且电压表的内阻较小(或电流表的内阻较大)，可用同一量限两次测量法减小测量误差。其中，第一次测量与一般的测量并无两样。第二次测量时必须在电路中串入一个已知阻值的附加电阻。

1）电压测量

测量如图 3－4 所示电路的开路电压 U_o。

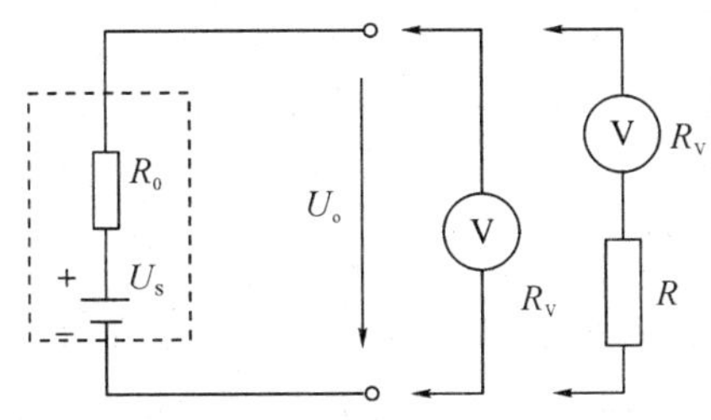

图 3－4　测电压(方法 2)

设电压表的内阻为 R_V。第一次测量，电压表的读数为 U_1。第二次测量时应与电压表串接一个已知阻值的电阻器 R，电压表的读数为 U_2。由图可知

$$U_1=\frac{R_V U_S}{R_0+R_V},\qquad U_2=\frac{R_V U_S}{R_0+R+R_V}$$

由以上两式可解得 U_S 和 R_0，其中 U_S(即 U_o)为

$$U_S=U_o=\frac{RU_1U_2}{R_V(U_1-U_2)}$$

2）电流测量

测量图 3－5 所示电路的电流 I。

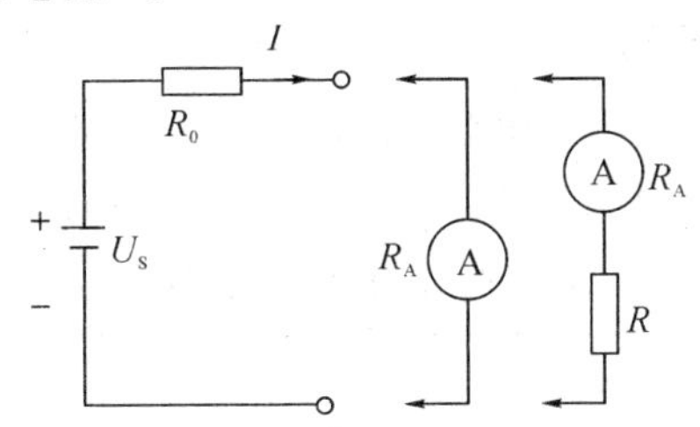

图 3－5　测电流(方法 2)

设电流表的内阻为 R_A。第一次测量，电流表的读数为 I_1。第二次测量时应与电流表串接一个已知阻值的电阻器 R，电流表的读数为 I_2。由图可知

$$I_1=\frac{U_S}{R_0+R_A}$$

$$I_2=\frac{U_S}{R_0+R_A+R}$$

由以上两式可解得 U_S 和 R_0，从而可得

$$I=\frac{U_S}{R_0}=\frac{I_1I_2R}{I_2(R_A+R)-I_1R_A}$$

由以上分析可知，当所用仪表的内阻与被测线路的电阻相差不大时，采用多量限仪表不同量限两次测量法或单量限仪表两次测量法，再通过计算就可得到比单次测量准确得多的结果。

四、实验内容及步骤

1. 双量限电压表两次测量法

按图 3-2 连接电路，实验中利用实验台上的一路直流稳压电源，取 $U_S=2.5$ V，R_0 选用 50 kΩ（取自电阻箱）。用指针式万用表的直流电压 2.5 V 和 10 V 两挡量限进行两次测量，最后算出开路电压 U_o' 之值。将实验数据填入表 3-2。

表 3-2　双量限电压表两次测量法记录表

万用表电压量限/V	内阻值/kΩ	两个量限的测量值 U_1、U_2/V	电路计算值 U_o/V	两次测量计算值 U_o'/V	U_1、U_2 的相对误差值/(%)	U_o' 的相对误差/(%)
2.5						
10						

2. 单量限电压表两次测量法

实验线路如图 3-4 所示。先用万用表直流电压 2.5 V 量限挡直接测量，得 U_1。然后串接 $R=10$ kΩ 的附加电阻器再一次测量，得 U_2。计算开路电压 U_o' 之值。将实验数据填入表 3-3。

表 3-3　单量限电压表两次测量法记录表

实际计算值 U_o/V	两次测量值		测量计算值 U_o'/V	U_1 的相对误差/(%)	U_o' 的相对误差/(%)
	U_1/V	U_2/V			

3. 双量限电流表两次测量法

按图 3-3 线路进行实验，$U_S=0.3$ V，$R=300$ Ω（取自电阻箱），用万用表 0.5 mA 和 5 mA 两挡电流量限进行两次测量，计算出电路的电流值 I'。将实验数据填入表 3-4。

表 3-4 双量限电流表两次测量法记录表

万用表电流量限	内阻值/Ω	两个量限的测量值 I_1、I_2/mA	电路计算值 I/mA	两次测量计算值 I'/mA	I_1、I_2 的相对误差/(%)	I'的相对误差/(%)
0.5 mA						
5 mA						

4. 单量限电流表两次测量法

实验线路如图 3-5 所示。先用万用表 0.5 mA 电流量限直接测量，得 I_1。再串联附加电阻 $R=30\ \Omega$ 进行第二次测量，得 I_2。求出电路中的实际电流 I'之值。将实验数据填入表 3-5。

表 3-5 单量限电流表两次测量法记录表

实际计算值 I/mA	两次测量值		测量计算值 I'/mA	I_1 的相对误差/(%)	I'的相对误差/(%)
	I_1/mA	I_2/mA			

五、实验注意事项

(1) 采用不同量限两次测量法时，应选用相邻的两个量限，且被测值应接近于低量限的满偏值。否则，当用高量限测量较低的被测值时，测量误差会较大。

(2) 实验中所用的 MF-47 型万用表属于较精确的仪表，在大多数情况下，直接测量误差不会太大。只有当被测电压源的内阻大于 1/5 电压表内阻，或者被测电流源内阻小于 5 倍电流表内阻时，采用本实验的测量计算法才能得到较满意的结果。

六、实验报告

(1) 完成各项实验内容的计算。

(2) 总结实验收获与体会。

七、思考题

为什么当被测电压源的内阻大于 1/5 电压表内阻，或者被测电流源内阻小于 5 倍电流表内阻时，采用本实验的测量计算法才能得到较满意的结果？

3.3 电路元件伏安特性的测定

一、实验目的

(1) 掌握线性电阻元件、非线性电阻元件的伏安特性的测量方法。

(2) 掌握电源伏安特性的测量方法，了解电源内阻对电源输出特性的影响。

(3) 加深对线性电阻元件、非线性电阻元件伏安特性的理解。

(4) 了解电路元器件测试或使用中应注意的问题。

二、实验仪器与设备

序 号	名 称	型号与规格	数 量	备 注
1	可调直流稳压电源	0～30 V	1	
2	万用表	MF-47 或其他	1	自备
3	直流数字毫安表	0～200 mA	1	
4	直流数字电压表	0～200 V	1	
5	二极管	IN4007	1	
6	稳压管	2CP15	1	
7	白炽灯	12 V，0.1 A	1	
8	线性电阻器	200 Ω、510 Ω/2 W	1	

三、原理说明

1. 电阻元件的伏安特性

任何一个二端元件的特性可用该元件的端电压 U 与通过该元件的电流 I 之间的函数关系 $I=f(U)$ 来表示，即用 $I-U$ 平面上的一条曲线来表征，这条曲线称为该元件的伏安特性曲线。通过一定的测量电路，用电压表、电流表可测定元件的伏安特性，由测得的伏安特性可以了解该元件的性质。通过测量得到元件伏安特性的方法称为伏安测量法，简称伏安法。

线性电阻器的伏安特性曲线是一条通过坐标原点的直线，具有双向性，如图 3－6(a)所示，该直线的斜率等于该电阻器的电阻值。电阻值的表达式为

$$R=\frac{U}{I}$$

一般的白炽灯，其灯丝电阻从冷态开始随着温度的升高而增大。通过白炽灯的电流越大，其温度越高，阻值也越大。灯丝的“冷电阻”与“热电阻”的阻值可相差几倍至十几倍，它的伏安特性如图 3－6(b)所示。

一般的半导体二极管是非线性电阻元件，其伏安特性如图 3－6(c)所示。其正向压降很小(锗管约为 0.2～0.3 V，硅管约为 0.5～0.7 V)，正向电流随正向压降的升高而急骤上升。而反向电压从零一直增加到十多伏至几十伏时，其反向电流增加很小，粗略地可视为零。可见，二极管具有单向导电性，但反向电压加得过高，超过管子的极限值，则会导致管子击穿损坏。

稳压二极管是一种特殊的半导体二极管，其正向特性与普通二极管类似，但其反向特性较特别，如图 3－6(d)所示。在反向电压开始增加时，其反向电流几乎为零，但当电压增加到某一数值时(称为管子的稳压值，有各种不同稳压值的稳压管)，电流将突然增加，以后它的端电压将基本维持恒定，当反向电压继续升高时其端电压仅有少量增加。

注意：流过二极管或稳压二极管的电流不能超过管子的极限值，否则管子就会烧坏。

对于一个未知的电阻元件，可以参照对已知电阻元件的测试方法进行测量，根据测得数据描绘其伏安特性曲线，再与已知元件的伏安特性曲线相对照，即可判断出该未知电阻元件的类型及某些特性，如线性电阻的电阻值、二极管的材料(硅或锗)、稳压二极管的稳压值等。

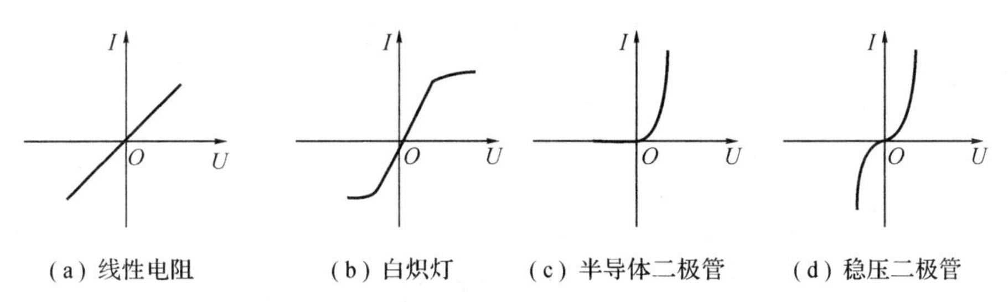

图 3－6　电阻元件伏安特性曲线

2. 电压源的外特性

理想电压源：能保持其端电压为恒定值且内部没有能量损失的电压源称为理想电压源，其输出电压固定，输出的电流大小由外电路来决定。其外特性曲线是平行于电流轴线的直线，如图 3－7(a)所示。

理想电压源实际上是不存在的，实际电压源总是有一定能量的损失，实际电压源可以用一个理想电压源 U_S 与内阻 R_S 相串联的电路模型来表示，如图 3－7(b)所示。实际电压

源端口的电压与电流的关系为

$$U=U_S-IR_S$$

其外特性曲线如图3-7(c)所示。从图中可以看出实际电压源的内阻越小，其特性越接近理想电压源。这里选择内阻很小的直流稳压电压源，当通过的电流在规定的范围内变化时，可以无限近似地当作理想电压源。

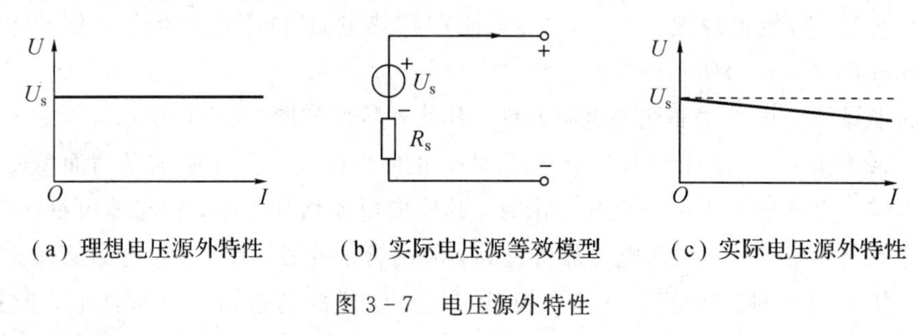

(a) 理想电压源外特性　(b) 实际电压源等效模型　(c) 实际电压源外特性

图3-7　电压源外特性

四、实验内容及步骤

1. 测定线性电阻伏安特性

按图3-8连接实验电路，调节稳压电源的输出电压，取电压值分别为0 V、2 V、4 V、8 V、10 V，分别记录电阻为200 Ω或2 kΩ情况下电压表和电流表的读数U_R、I，测试数据填入表3-6中，而后将稳压电源的输出电压U调为0 V。

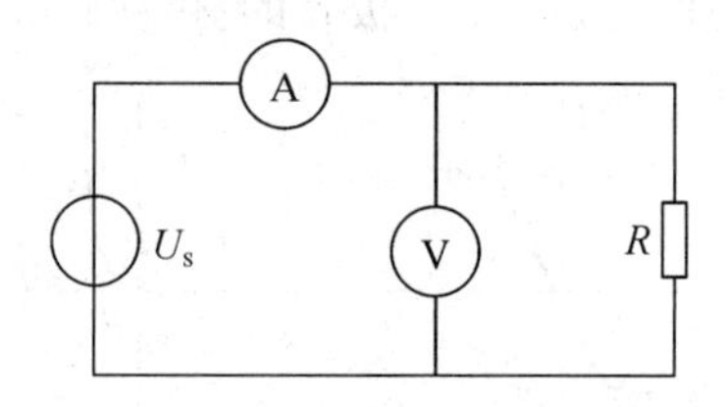

图3-8　线性电阻伏安特性测试电路

表3-6　线性电阻伏安特性实验数据

	U/V		0	2	4	6	8	10
R=200 Ω	I/mA	计算值						
		测量值						
R=2 kΩ	I/mA	计算值						
		测量值						

2. 测定非线性白炽灯泡的伏安特性

将图3-8中的R换成一只12 V、0.1 A的灯泡，重复步骤1。U_L为灯泡的端电压。测试数据填入表3-7。

表3-7 白炽灯伏安特性实验数据

U_L/V	0.1	0.5	1	2	3	4	5
I/mA							

3. 测定半导体二极管的伏安特性

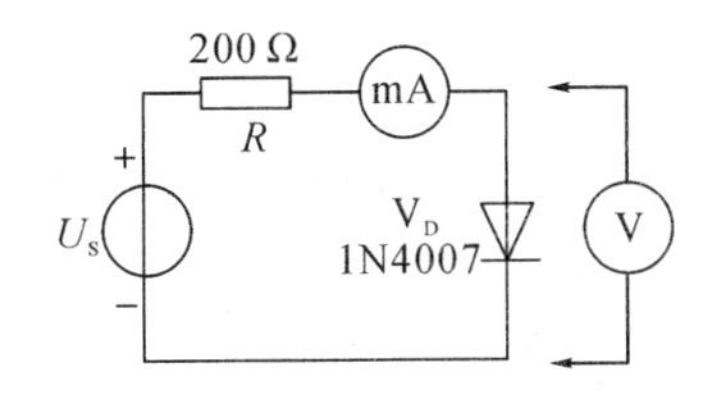

图3-9 二极管伏安特性测试电路

按图3-9接线，R为限流电阻器(200 Ω)，二极管选用1N4007(若二极管选用2AP9，其正向电流不得超过36 mA)。测二极管的正向特性时，其正向电流不得超过35 mA，二极管V_D的正向施压U_{D+}可在0～0.75 V之间取值。在0.5～0.75 V之间应多取几个测量点。测反向特性时，只需将图3-9中的二极管V_D反接，且其反向施压U_{D-}可从0加到−30 V。测试数据填入表3-8、表3-9。

表3-8 二极管正向特性实验数据

U_{D+}/V	0.10	0.30	0.50	0.55	0.60	0.65	0.70	0.75
I/mA								

表3-9 二极管反向特性实验数据

U_{D-}/V	0	−5	−10	−15	−20	−25	−30
I/mA							

4. 测定稳压二极管的伏安特性

(1) 正向特性实验：将图3-9中的二极管换成稳压二极管(2CW51或2CP15)，重复实验内容3中的正向测量。U_{Z+}为二极管的正向施压。测试数据填入表3-10。

表3-10 稳压二极管正向特性实验数据

U_{Z+}/V							
I/mA							

(2) 反向特性实验：将图 3－9 中的 R 换成 510 Ω，稳压二极管反接，测量稳压二极管的反向特性。稳压电源的输出电压 U_S从 0～20 V，测量稳压二极管两端的电压 U_{Z-} 及电流 I，由 U_{Z-} 可看出其稳压特性。测试数据填入表 3－11。

表 3－11　稳压二极管反向特性实验数据

U_S/V							
U_{Z-}/V							
I/mA							

五、实验注意事项

(1) 测二极管正向特性时，稳压电源输出应由小至大逐渐增加，应时刻注意电流表读数不得超过二极管要求的最大值(若二极管选用 2AP9，其正向电流不得超过 36 mA)。稳压源输出端切勿碰线短路。

(2) 如果要测定 2AP9 的伏安特性，则测正向特性时的电压值应取 0 V、0.10 V、0.13 V、0.15 V、0.17 V、0.19 V、0.21 V、0.24 V、0.30 V，测反向特性时的电压值应取 0 V、2 V、4 V、…、10 V。

(3) 进行不同实验时，应先估算电压和电流值，合理选择仪表的量程，勿使仪表超量程。仪表的极性亦不可接错。

六、实验报告

(1) 根据各实验结果数据，分别在方格纸上绘制出已知和未知电阻元件的伏安特性曲线，总结、归纳被测各元件的特性，判定未知元件的类型及性质。(其中二极管的正、反向特性要求画在同一张图中)

(2) 进行必要的误差分析。

(3) 总结心得体会。

七、思考题

(1) 线性电阻与非线性电阻的概念是什么？电阻器与二极管的伏安特性有何区别？

(2) 设某器件的伏安特性曲线的函数式为 $I=f(U)$，试问在浊点绘制曲线时，其坐标变量应如何放置？

3.4 电位、电压的测定及电路电位图的绘制

一、实验目的

(1) 验证电路中电位的相对性、电压的绝对性。

(2) 掌握电路电位图的绘制方法。

二、实验仪器与设备

序 号	名 称	型号与规格	数 量	备 注
1	直流可调稳压电源	双路 0～30 V	1	
2	万用表		1	自备
3	直流数字电压表	0～200 V	1	
4	电位、电压测定实验电路板		1	

三、原理说明

在一个闭合电路中，各点电位的高低视所选的电位参考点的不同而变，但任意两点间的电位差(即电压)是绝对的，它不因参考点的变动而改变。

电位图是一种平面坐标一、四两象限内的折线图。其纵坐标为电位值，横坐标为各被测点。要制作某一电路的电位图，先以一定的顺序对电路中各被测点编号。以图 3-10 的电路为例，各被测点如图中的 A～F 所示，并在横坐标轴上按顺序、均匀间隔标上 A、B、C、D、E、F、A。再根据测得的各点电位值，在各点所在的垂直线上描点。用直线依次连接相邻两个电位点，即得该电路的电位图。

在电位图中，任意两个被测点的纵坐标值之差即为该两点之间的电压值。

电路中电位参考点可任意选定。对于不同的参考点，所绘出的电位图形是不同的，但其各点电位变化的规律却是一样的。

四、实验内容及步骤

(1) 按图 3-10 连接电路。分别将两路直流稳压电源接入电路，令 $U_{S1}=6$ V，$U_{S2}=$

12 V。(先调准输出电压值，再接入实验线路中)

(2) 以图 3 - 10 中的 A 点作为电位的参考点，分别测量 B、C、D、E、F 各点的电位值 V 及相邻两点之间的电压值 U_{AB}、U_{BC}、U_{CD}、U_{DE}、U_{EF} 及 U_{FA}，数据列于表 3 - 12 中。

(3) 以 D 点作为电位参考点，重复实验内容(2)的测量，测得数据列于表 3 - 12 中。

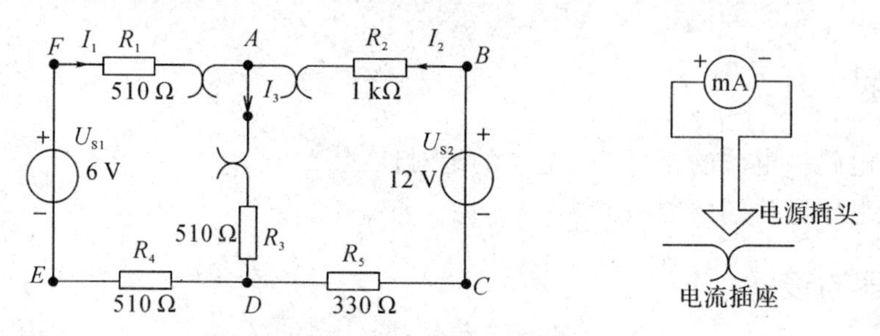

图 3 - 10　电位的测量实验电路

表 3 - 12　电位记录表

电位参考点	V 与 U	V_A	V_B	V_C	V_D	V_E	V_F	U_{AB}	U_{BC}	U_{CD}	U_{DE}	U_{EF}	U_{FA}
A	计算值												
	测量值												
	相对误差												
D	计算值												
	测量值												
	相对误差												

五、实验注意事项

用指针式万用表的直流电压挡或用数字直流电压表测量电位时，用负表笔(黑色)接参考电位点，用正表笔(红色)接被测各点。若指针正向偏转或数显表显示正值，则表明该点电位为正(即高于参考点电位)；若指针反向偏转或数显表显示负值，应调换万用表的表笔，然后读出数值，此时在电位值之前应加一负号(表明该点电位低于参考点电位)。数显表也可不调换表笔，直接读出负值。

六、实验报告

(1) 根据实验数据，绘制两个电位图形，并对照观察各对应两点间的电压情况。两个电位图的参考点不同，但各点的相对顺序应一致，以便对照。

（2）完成数据表格中的计算，对误差作必要的分析。

（3）总结电位相对性和电压绝对性的结论。

（4）总结心得体会。

七、思考题

以 F 点为参考电位点，实验测得各点的电位值；现令 E 点作为参考电位点，试问此时各点的电位值应有何变化？

3.5 电阻串、并联电路与基尔霍夫定律的验证

一、实验目的

(1) 电阻串、并联电路分析。

(2) 通过实验验证基尔霍夫定律的正确性，从而加深对基尔霍夫定律的理解。

(3) 熟练掌握直流电流表的使用以及学会用电流插头、插座测量各个支路电流的方法。

二、实验仪器与设备

序　号	名　称	型号与规格	数　量	备　注
1	直流可调稳压电源	双路 0～30 V	1	
2	万用表		1	自备
3	直流数字毫安表	0～200 mA	1	
4	直流数字电压表	0～200 V	1	
5	电工实验箱		1	

三、原理说明

基尔霍夫定律是电路的基本定律。测量某电路的各支路电流及每个元件两端的电压，应能分别满足基尔霍夫电流定律(KCL)和电压定律(KVL)。

在任一瞬间，对电路中的任一节点而言，流入节点的电流之和等于流出该节点的电流之和，或在任一瞬间，一个节点上的电流的代数和恒等于零($\sum I=0$)，这就是基尔霍夫电流定律(KCL)。

在任一瞬间，沿任意闭合回路(顺时针方向或逆时针方向)，回路中各段电压的代数和恒等于零($\sum U=0$)，这就是基尔霍夫电压定律(KVL)。

运用该定律时必须注意各支路或闭合回路中电流的正方向，此方向可预先任意设定。

四、实验内容及步骤

按照图 3-11 所示实验电路验证基尔霍夫定律(此为参考图，实际实验时，电路拓扑图

和阻值可自由选择，以验证基尔霍夫定律为最终目的)。

(1) 实验前先任意设定三条支路电流的参考方向和三个闭合回路的电流正方向。图3-11中的I_1、I_2、I_3的方向已设定。三个闭合回路电流正方向可分别设为$ABDA$、$BCDB$、$ABCDA$。

(2) 按图3-11接线，在实验箱中选定R_1、R_2、R_3，接入直流稳压源，检查电路连接无误后，打开稳压电源开关，从0开始调节，使AD、CD间的电压U_{S1}、U_{S2}分别调至12 V、12 V；9 V、12 V；12 V、10 V。

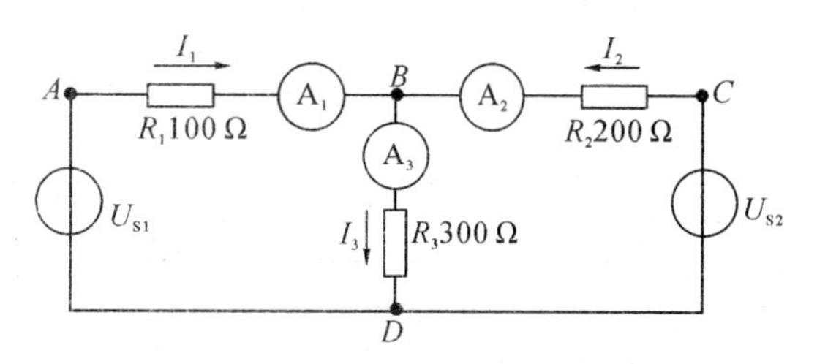

图3-11 基尔霍夫定律验证电路

(3) 将直流电流表串接到各个支路，用三只50 mA直流电流表读出三种情况下I_1、I_2、I_3值并记录在表3-13中。注意电流表"+"、"-"极性的连接，让电流从"+"极流入，"-"极流出。观察电流表有无异常现象，若发现电表反转，应立即切断电源，调换电表极性后重新通电。此时电流读数为负值，表明电流的实际方向与参考方向相反。

(4) 用直流电压表或万用表分别测量三个电阻上电压U_{AB}、U_{BD}、U_{CB}，并记录在表3-13中。

表3-13 基尔霍夫定律的验证实验数据(1)

		I_1/mA	I_2/mA	I_3/mA	U_{AB}/V	U_{BD}/V	U_{CB}/V
U_{S1}=12 V U_{S2}=12 V	理论值						
	测量值						
	相对误差/%						
U_{S1}=9 V U_{S2}=12 V	理论值						
	测量值						
	相对误差/%						
U_{S1}=12 V U_{S2}=10 V	理论值						
	测量值						
	相对误差/%						

(5) 本实验也可使用电路拓扑图，如图3-10所示。三个闭合回路的电流正方向可分别设为$ADEFA$、$BADCB$和$FBCEF$。分别将两路直流稳压源接入电路，令U_{S1}=6 V，U_{S2}=

12 V。用直流电流表和直流数字电压表分别测量支路上的电流、两路电源及电阻元件上的电压值，记录在表 3-14 中。

表 3-14　基尔霍夫定律的验证实验数据(2)

	I_1/mA	I_2/mA	I_3/mA	U_{S1}/V	U_{S2}/V	U_{FA}/V	U_{AB}/V	U_{AD}/V	U_{CD}/V	U_{DE}/V
计算值										
测量值										
相对误差/%										

五、实验注意事项

(1) 所有需要测量的电压值均以电压表测量的读数为准，不应取电源本身的显示值。

(2) 防止稳压电源两个输出端碰线短路。

(3) 用指针式电压表或电流表测量电压或电流时，如果仪表指针反偏，则必须调换仪表极性，重新测量。此时指针正偏，可读得电压或电流值。若用数显电压表或电流表测量，则可直接读出电压或电流值。

(4) 用电流表测量各支路电流，或者用电压表测量电压降时，应注意仪表的极性，所读得的电压或电流值的正、负应根据设定的电流方向判断后填入数据表格。

六、实验报告

(1) 根据实验数据，选定节点 B，验证 KCL 的正确性。

(2) 根据实验数据，选定实验电路中的任一个闭合回路，验证 KVL 的正确性。

(3) 将支路和闭合回路的电流方向重新设定，重复(1)、(2)两项验证。

(4) 进行误差原因分析。

(5) 总结心得体会。

七、思考题

(1) 根据图 3-11 的电路参数，计算出待测的电流 I_1、I_2、I_3 和各电阻上的电压值，记入表 3-13 中，以便实验测量时，可正确地选定毫安表和电压表的量程。

(2) 实验中，若用指针式万用表直流毫安挡测各支路电流，在什么情况下可能出现指针反偏？应如何处理？在记录数据时应注意什么？若用直流数字毫安表进行测量，则会有什么显示呢？

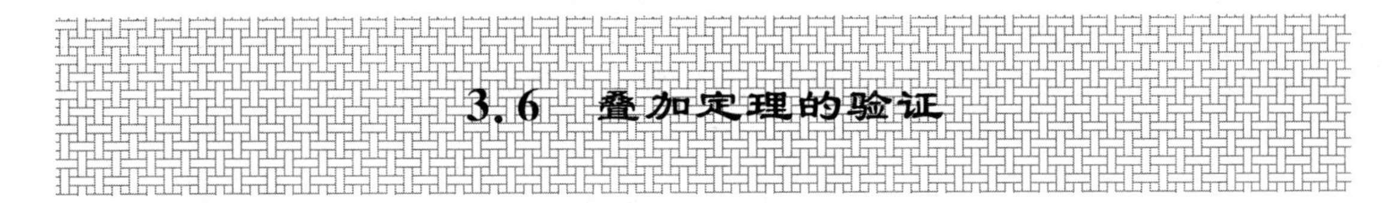

3.6　叠加定理的验证

一、实验目的

(1) 验证线性电路叠加定理的正确性。

(2) 加深对线性电路的叠加性和齐次性的认识和理解。

二、实验仪器和设备

序　号	名　称	型号与规格	数　量	备　注
1	直流稳压电源	双路 0～30 V 可调	1	
2	万用表		1	自备
3	直流数字电压表	0～200 V	1	
4	直流数字毫安表	0～200 mV	1	
5	电工实验箱		1	

三、原理说明

叠加定理适用于线性电路，为了测量方便，用直流电路来验证它。

叠加定理指出：在有多个独立源共同作用的线性电路中，通过每一个元件的电流或其两端的电压，可以看成是由每一个独立源单独作用时在该元件上所产生的电流或电压的代数和。具体方法是：一个电源单独作用时，该电源外其他所有电源必须去掉，即理想电压源所在处用短路来替代，理想电流源所在处用开路来替代，但保留它们的内阻，电路结构也不做改变。注意：在求电流或电压的代数和时，当独立作用时电流或电压的参考方向与共同作用时的参考方向一致时，符号取正，否则取负。在图 3-12 中：

$$I_1 = I_1' + I_1''$$

$$I_2 = I_2' + I_2''$$

$$I_3 = I_3' + I_3''$$

由于功率是电压或电流的二次函数，因此叠加定理不能用来直接计算功率，即

$$P_{R1} \neq I_1'^2 R_1 + I_1''^2 R_1$$

线性电路的齐次性是指当激励信号(某独立源的值)增加或减小 K 倍时，电路的响应(即在电路中各电阻元件上所建立的电流和电压值)也将增加或减小 K 倍。

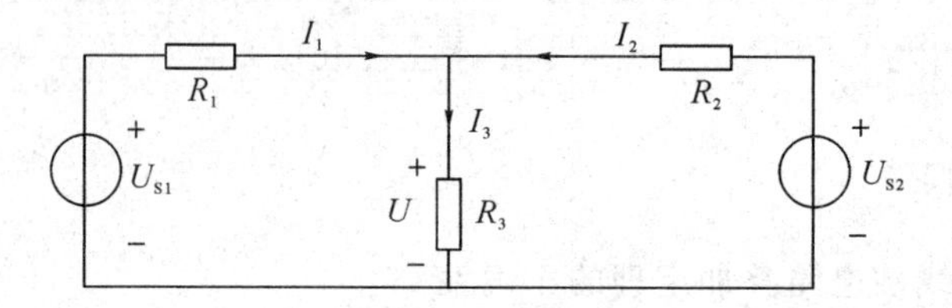

(a) 独立源共同作用

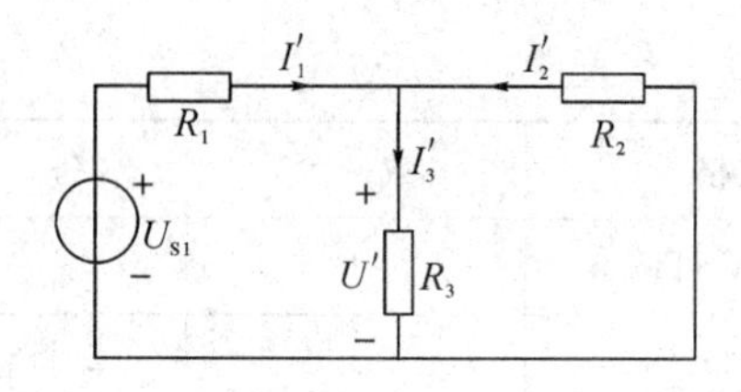

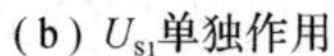

(b) U_{S1}单独作用

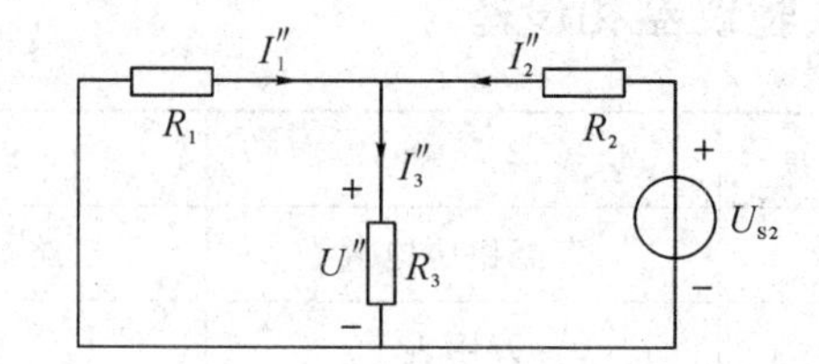

(c) U_{S2}单独作用

图 3-12　叠加定理分析电路

四、实验内容及步骤

按图 3-13 接线(此为参考图，实际实验时，电路拓扑图和阻值可自由选择，以验证叠加定理为最终目的)。接通已调好的直流稳压电源，其中 $U_{S1}=12$ V、$U_{S2}=14$ V。

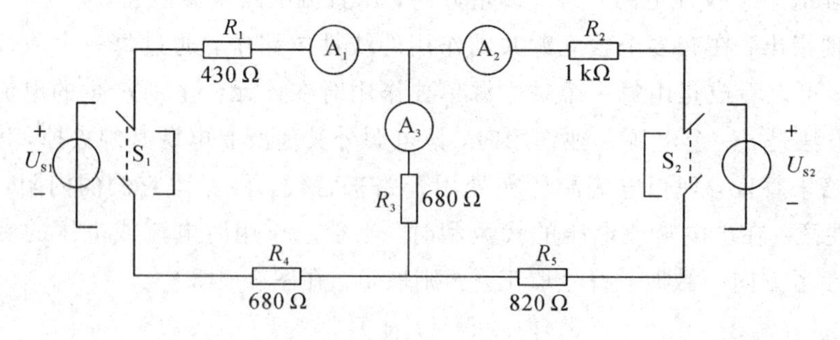

图 3-13　叠加定理验证电路

1. 线性电路测试

(1) 令 U_{S1}电源单独作用，即 S_1合向电源 U_{S1}一侧；S_2合向短路一侧(S_1、S_2各用两只独立开关代替)，测量U_{S1}单独作用时各支路的电流I_1、I_2和I_3以及各电阻元件两端的电压，数据记录在表3-15中。测量某一支路电流时，另外两个测量接口应用连线短路，同时注意电流方向。

表3-15 线性电路验证叠加定理数据

		I_1/mA	I_2/mA	I_3/mA	U_{R1}/V	U_{R2}/V	U_{R3}/V
U_{S1}=12 V U_{S2}=0 V	理论值						
	测量值						
U_{S1}=0 V U_{S2}=14 V	理论值						
	测量值						
U_{S1}=12 V U_{S2}=14 V	理论值						
	测量值						

(2) 令U_{S2}电源单独作用，即S_1合向短路一侧；S_2合向U_{S2}电源一侧，测量U_{S2}单独作用时各支路的电流I_1、I_2和I_3及各电阻元件两端的电压，数据记录在表3-15中。

(3) 令U_{S1}和U_{S2}电源共同作用，即开关S_1合向电源U_{S1}一侧，S_2合向U_{S2}电源一侧，测量各支路电流及电阻上的电压，数据记录在表3-15中。

(4) 令U_{S2}=28 V，重复上述步骤(2)的测量并记录，数据记入表3-16中，与步骤(2)中测得数据进行比较，验证齐次定理。

表3-16 线性电路验证齐次定理数据

U_{S1}=0 V，U_{S2}=28 V	I_1/mA	I_2/mA	I_3/mA	U_{R1}/V	U_{R2}/V	U_{R3}/V
理论值						
测量值						

(5) 将测得数据进行分析、计算、比较，从而验证叠加定理和齐次定理的正确性。

2. 非线性电路测试

将电路中任意一个电阻改成二极管，重复步骤1中的(1)～(4)的测量过程。数据表格同上，自拟。根据测得的数据验证非线性电路不满足叠加定理和齐次定理。

3. 用拓扑电路验证叠加定理和齐次定理

本实验也可使用拓扑电路，如图3-14所示。

(1) 将两路稳压源的输出分别调节为12 V和6 V，接入U_{S1}和U_{S2}处。

(2) 令 U_{S1} 电源单独作用(将开关 S_1 合向 U_{S2} 侧，开关 S_2 合向短路侧)。用直流数字电压表和毫安表(接电流插头)测量各支路电流及各电阻元件两端的电压，数据记入表 3-17。

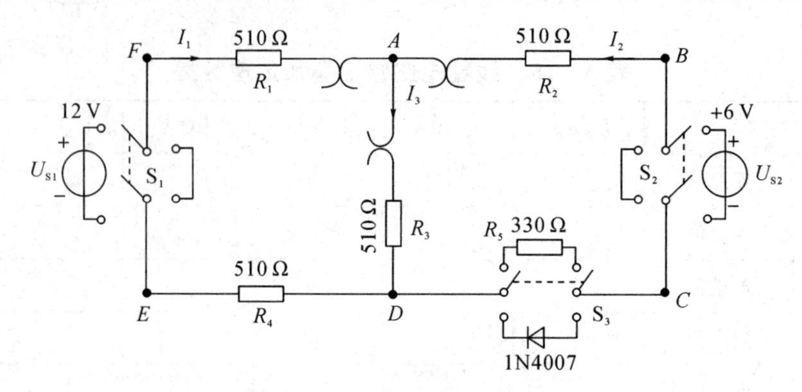

图 3-14 叠加定理拓扑电路图

表 3-17 线性电路验证叠加定理数据

测量项目 / 实验内容	U_{S1}/V	U_{S2}/V	I_1/mA	I_2/mA	I_3/mA	U_{AB}/V	U_{CD}/V	U_{AD}/V	U_{DE}/V	U_{FA}/V
U_{S1} 单独作用										
U_{S2} 单独作用										
U_{S1}、U_{S2} 共同作用										
$2U_{S2}$ 单独作用										

(3) 令 U_{S2} 电源单独作用(将开关 S_1 投向短路侧，开关 S_2 投向 U_{S2} 侧)，重复实验步骤(2)的测量和记录，数据记入表 3-17。

(4) 令 U_{S1} 和 U_{S2} 共同作用(开关 S_1 和 S_2 分别投向 U_{S1} 和 U_{S2} 侧)，重复上述的测量和记录，数据记入表 3-17。

(5) 将 U_{S2} 的数值调至＋12 V，重复上述第(3)项的测量并记录，数据记入表 3-17。

五、实验注意事项

(1) 用电流插头测量各支路电流，或者用电压表测量电压降时，应注意仪表的极性，并应正确判断测得值的＋、－号。

(2) 注意仪表量程的及时更换。

六、实验报告

（1）根据实验数据表格进行分析、比较，归纳、总结实验结论，即验证线性电路的叠加性与齐次性。

（2）各电阻器所消耗的功率能否用叠加原理计算得出？试用上述实验数据进行计算并给出结论。

（3）总结心得体会。

七、思考题

实验电路中，若有一个电阻器改为二极管，试问叠加原理的叠加性与齐次性还成立吗？为什么？

3.7 戴维南定理和诺顿定理的验证
——有源二端网络等效参数的测定

一、实验目的

(1) 验证戴维南定理的正确性，加深对该定理的理解。

(2) 学会用实验方法求二端网络的等效电路。

(3) 测定线性有缘一端口网络的外特性和戴维南等效电路的外特性。

二、实验仪器与设备

序　号	名　称	型号与规格	数　量	备　注
1	可调直流稳压电源	0～30 V	1	
2	可调直流恒流源	0～500 mA	1	
3	直流数字电压表	0～200 V	1	
4	直流数字毫安表	0～200 mA	1	
5	万用表		1	自备
6	可调电阻箱	0～99 999.9 Ω	1	
7	电位器	1 kΩ/1 W	1	
8	电工实验箱		1	

三、原理说明

1. 等效电源定理

任何一个线性含源网络，如果仅研究其中一条支路的电压和电流，则可将电路的其余部分看作是一个有源二端网络(或称为含源一端口网络)。

戴维南定理指出：任何一个线性有源网络，总可以用一个电压源与一个电阻的串联来等效代替，此电压源的源电压 U_S 等于这个有源二端网络的开路电压 U_{oc}，其等效内阻 R_S 等于该网络中所有独立源均置零(理想电压源视为短路，理想电流源视为开路)时的等效电阻 R_{eq}，如图 3-15(b)所示。

诺顿定理指出：任何一个线性有源网络，总可以用一个电流源与一个电阻的并联组合来等效代替，此电流源的电流 I_S 等于这个有源二端网络的短路电流 I_{sc}，其等效内阻 R_S 定义同戴维南定理，如图 3-15(c)所示。

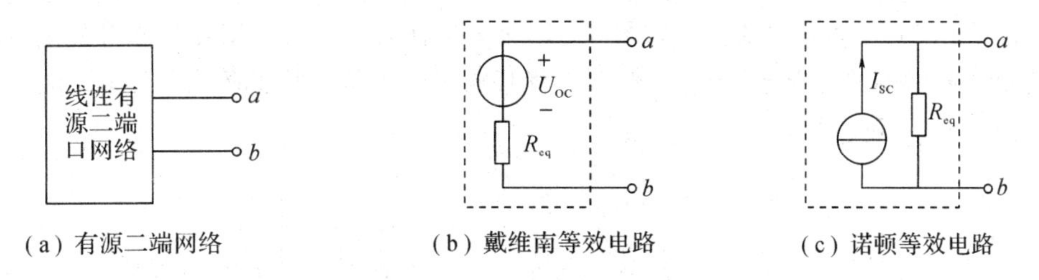

图 3-15 戴维南定理原理图与诺顿定理原理图

$U_{oc}(U_S)$和 R_S 或者 $I_{sc}(I_S)$和 R_S 称为有源二端网络的等效参数。

2. 有源二端网络等效参数的测量方法

1) 开路电压的测量方法

(1) 直接测量法。当有源二端网络的等效电阻 R_{eq} 与电压表的内阻 R_i 相比可以忽略不计时，可以直接用电压表测量开路电压。

(2) 补偿法。其测量电路如图 3-16 所示，U_S 为高精度的标准电压源，R 为标准分压电阻箱，P 为高灵敏度的检流计。调节电阻箱的分压比，c、d 两端的电压随之改变，$U_{cd}=U_{ab}$时，流过检流计 P 的电流为零，因此

$$U_{cd}=U_{ab}=\frac{R_2}{R_1+R_2}U_S=kU_S$$

根据标准电压 U_S 和分压比 k 就可以求得开路电路 U_{ab}，因为电路平衡时 $I_P=0$，不消耗电能，所以此方法测量精度高。

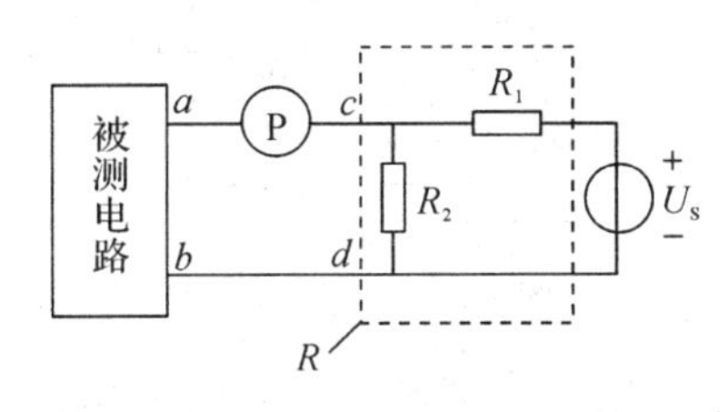

图 3-16 补偿法测开路电压

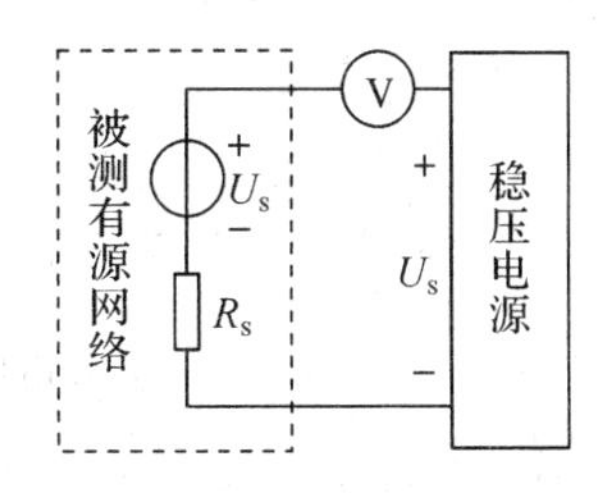

图 3-17 零示法测开路电压

(3) 零示法。在测量高内阻有源二端网络的开路电压时，用电压表直接测量会造成较大的误差。为了消除电压表内阻的影响，往往采用零示法测量，如图 3-17 所示。

零示法测量原理是用一低内阻的稳压电源与被测有源二端网络进行比较，当稳压电源

的输出电压与有源二端网络的开路电压相等时，电压表的读数将为“0”。然后将电路断开，测量此时稳压电源的输出电压，即为被测有源二端网络的开路电压。

2）等效电阻的测量方法

（1）开路电压、短路电流法。如图 3-18 所示，在有源二端网络输出端开路时，用电压表直接测其输出端的开路电压 U_{oc}，然后再将其输出端短路，用电流表测其短路电流 I_{sc}，则等效内阻为 $R_{eq}=U_{oc}/I_{sc}$。

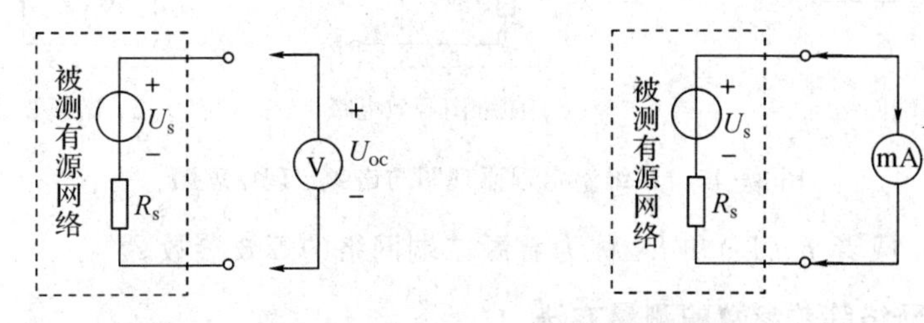

图 3-18　有源二端网络等效参数测试

如果二端网络的内阻很小，则将其输出端口短路易损坏其内部元件，因此不宜用此法。

（2）伏安法。用电压表、电流表测出有源二端网络的外特性曲线，如图 3-19 所示。根据外特性曲线求出斜率 $\tan\phi$，则内阻为

$$R_{eq}=\tan\phi=\frac{\Delta U}{\Delta I}=\frac{U_{oc}}{I_{sc}}$$

也可以先测量开路电压 U_{oc}，再测量电流为额定值 I_N 时的输出端电压值 U_N，则内阻为

$$R_{eq}=\frac{U_{oc}-U_N}{I_N}$$

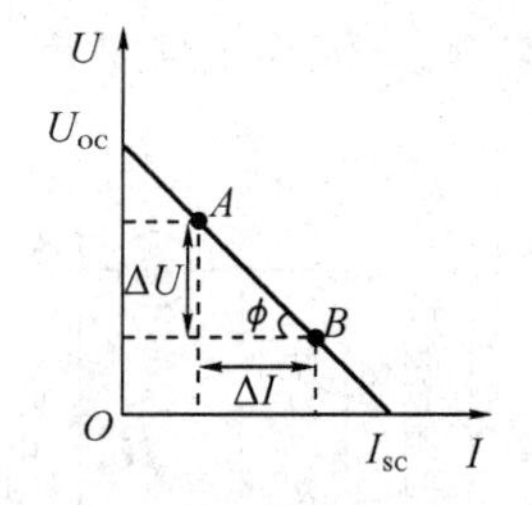

图 3-19　伏安法测等效电阻

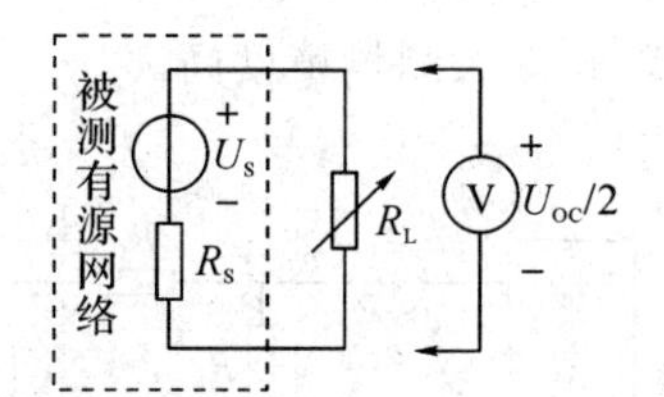

图 3-20　半电压测量法

（3）半电压法测 R_0。如图 3-20 所示。当负载电压为被测网络开路电压的一半时，负载电阻（由电阻箱的读数确定）即为被测有源二端网络的等效内阻值。

四、实验内容及步骤

被测有源二端网络如图 3-21(a)所示，即“戴维南定理/诺顿定理”线路。

1. 用开路电压、短路电流法测定戴维南等效电路的 U_{oc} 和 R_{eq}

在图 3-21(a)中，接入稳压电源 $U_S=+12$ V 和恒流源 $I_S=10$ mA，不接入可变电阻 R_L 测 U_{oc}(测 U_{oc} 时不接入毫安表)。再短接 R_L 测 I_{sc}，并计算出 $R_{eq}=U_{oc}/I_{sc}$。将测量值记入表 3-18 中。

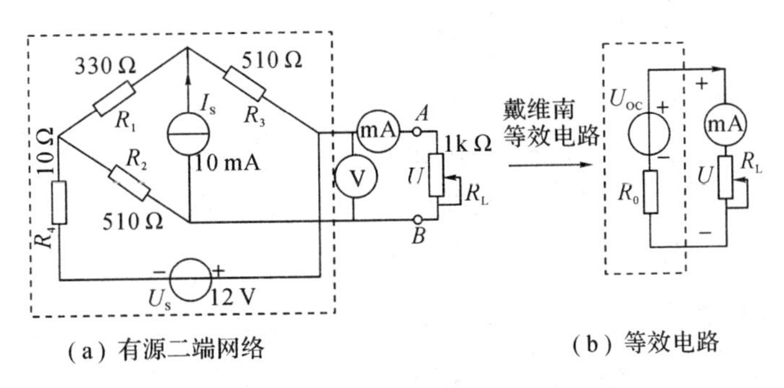

图 3-21 有源网络与戴维南等效电路

表 3-18 开路电压、短路电流法测戴维南参数

U_{oc}/V	I_{sc}/mA	$R_0=U_{oc}/I_{sc}(\Omega)$

2. 负载实验

按图 3-21(a)接入 R_L。改变 R_L 阻值，测量有源二端网络的外特性。将不同端电压下的电流值记于表 3-19，并据此画出有源二端网络的外特性曲线。

表 3-19 负载实验

R_L/Ω	0	10	100	200	500	1000	5000	10 000	∞
U/V									
I/mA									

3. 验证戴维南定理

从电阻箱上选择一个可变电阻器，将其阻值调整到等于按步骤“1”所得的等效电阻 R_{eq} 之值，然后令其与直流稳压电源(调到步骤“1”时所测得的开路电压 U_{oc} 之值)相串联，如图 3-21(b)所示，仿照步骤“2”测其外特性，对戴氏定理进行验证。将测量结果记入表 3-20 中。

表 3-20 戴维南等效电路外特性实验数据

R_L/Ω	0	10	100	200	500	1000	5000	10 000	∞
U/V									
I/mA									

4. 验证诺顿定理

从电阻箱上选择一个可变电阻器，将其阻值调整到按步骤“1”所得的等效电阻 R_{eq}之值，然后令其与直流恒流源(调到步骤“1”时所测得的短路电流 I_{sc}之值)相并联，如图 3-22 所示，仿照步骤“2”测其外特性，对诺顿定理进行验证。测量结果填入表 3-21。

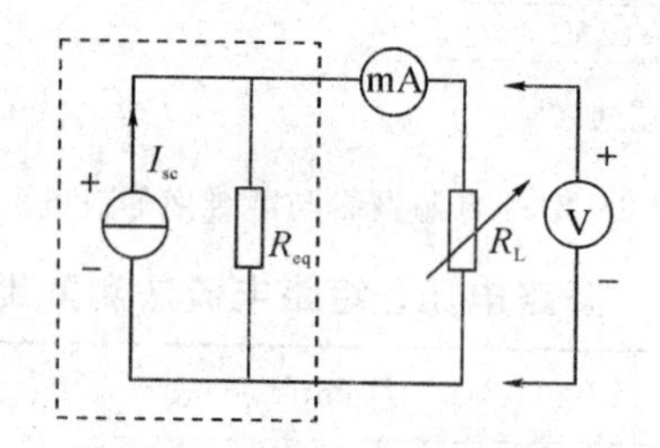

图 3-22 诺顿定理验证电路

表 3-21 诺顿等效电路外特性实验数据

R_L/Ω	0	10	100	200	500	1000	5000	10 000	∞
U/V									
I/mA									

5. 测定有源二端网络等效电阻的其他方法

二端网络等效电阻(又称入端电阻)的直接测量法见图 3-21(a)。将被测有源网络内的所有独立源置零(去掉电流源 I_S 和电压源 U_S，并将原电压源所接的两点用一根短路导线相连)，然后用伏安法或者直接用万用表的欧姆挡去测负载 R_L开路时 A、B 两点间的电阻，此即为被测网络的等效内阻 R_{eq}，或称网络的入端电阻 R_i。将数据记入自拟的表格中。

用半电压法和零示法测量被测网络的等效内阻 R_0及其开路电压 U_{oc}。线路及数据表格自拟。

五、实验注意事项

(1) 测量时应注意电流表量程的更换。

(2) 步骤"5"中，电压源置零时不可将稳压源短接。

(3) 用万用表直接测 R_{eq}时，网络内的独立源必须先置零，以免损坏万用表。其次，欧姆挡必须经调零后再进行测量。

(4) 用零示法测量 U_{oc}时，应先将稳压电源的输出调至接近于 U_{oc}，再按图 3-17 测量。

(5) 改接线路时，要关掉电源。

六、实验报告

(1) 根据步骤 2 和 3，分别绘出曲线，验证戴维南定理的正确性，并分析产生误差的原因。

(2) 在同一坐标纸上绘出两种情况下的外特性曲线，并进行适当的分析。

(3) 将根据步骤 1、5 用各种方法测得的 U_{oc}与 R_0与预习时电路计算的结果作比较，你能得出什么结论？

(4) 总结实验心得体会及其他。

七、思考题

(1) 在求戴维南等效电路时，做短路试验，测 I_{sc}的条件是什么？在本实验中可否直接做负载短路实验？请实验前对图 3-21(a)所示电路预先进行计算，以便调整实验线路及测量时可准确地选取电表的量程。

(2) 说明测有源二端网络开路电压及等效内阻的几种方法，并比较其优缺点。

3.8 特勒根定理的验证

一、实验目的

（1）深入理解特勒根定理。

（2）了解特勒根定理的适用范围和验证方法。

（3）学会设计验证特勒根定理的实验方案。

二、实验仪器与设备

序　号	名　称	型号与规格	数　量	备　注
1	直流可调稳压电源	双路 0～30 V	1	
2	万用表		1	自备
3	直流数字电压表	0～200 V	1	
4	电工实验箱		1	

三、原理说明

1. 特勒根定理

特勒根定理是由基尔霍夫定律导出的一个电路普遍定理。它和基尔霍夫定律一样与网络元件的特性无关。特勒根定理不仅适用于某网络的一种工作状态，而且适用于同一网络的两种不同工作状态，以及拓扑图相同的两个不同网络。因此，它适用于任何线性和非线性、时变和非时变元件组成的网络。该定理有以下两个内容：

定理 1：在任意一个具有 n 个节点和 b 条支路的集总参数网络中，设其支路电压 u_k 和支路电流 i_k 为关联参考方向，则对任何时间 t 有

$$\sum_{k=1}^{b} u_k i_k = 0$$

这个定理揭示了网络中功率的平衡关系，它表明任何一个电路的全部支路吸收的功率之和恒等于 0，是能量守恒定律在网络中的体现。

定理 2：对于两个不同的网络 N 和 N'，其拓扑图相同，各有 b 条支路，设网络 N 的支

路电压为 u_k，支路电流为 i_k，网络 N' 的支路电压、支路电流分别为 u_k'、i_k'，且各网络支路上的电压和电流均取关联参考方向，则

$$\sum_{k=1}^{b} u_k i_k' = 0, \qquad \sum_{k=1}^{b} i_k u_k' = 0$$

该定理不能用功率守恒来解释，但它仍有功率之和的形式，所以又称为拟功率守恒定理。

特勒根定理本质上是能量守恒原理的表现形式。在直流电路中，可以直接用电压表、电流表测量有关支路上的电压、电流值来验证特勒根定理。

四、实验内容及步骤

1. 验证特勒根定理 1

实验电路如图 3-23 所示，取 $R_1=100\ \Omega$、$R_2=200\ \Omega$、$R_3=680\ \Omega$、$R_4=1\ \text{k}\Omega$、$R_5=1\ \text{k}\Omega$、$R_6=2\ \text{k}\Omega$；电源电压 $U_{S1}=12\ \text{V}$、$U_{S2}=5\ \text{V}$，电压、电流取关联参考方向。测试各支路电压 U 和各支路电流 I，填入表 3-22 中，验证特勒根定理 1。

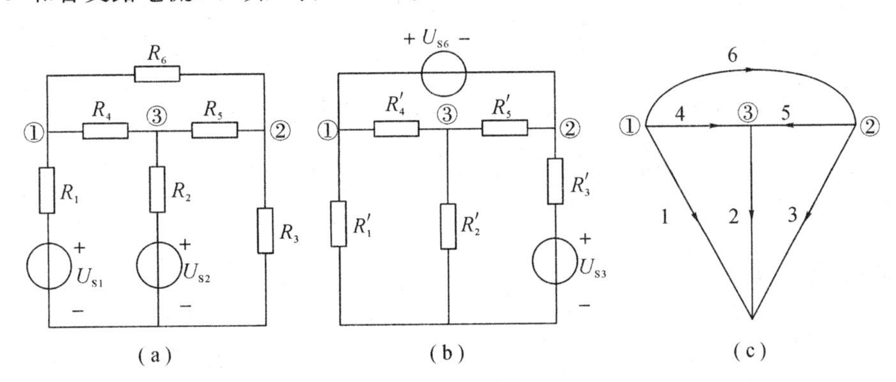

图 3-23　特勒根定理实验电路

表 3-22　验证特勒根定理 1 的实验数据

测量值	支路						
	1	2	3	4	5	6	$\sum P$
U/V							
I/mA							
P/W							

2. 验证特勒根定理 2

实验电路如图 3-23 所示，图 3-23(a)参数如步骤 1 或自行给定参数，图 3-23(b)取 $R_1'=100\ \Omega$、$R_2'=200\ \Omega$、$R_3'=680\ \Omega$、$R_4'=500\ \Omega$、$R_5'=1000\ \Omega$；电源电压 $U_{S3}=12$ V、$U_{S6}=5$ V(也可以自行给定参数)，两个电路中电压、电流取关联参考方向。测试所需支路电压和支路电流填入表 3-23 中，验证特勒根定理内容 2。

表 3-23　验证特勒根定理 2 的实验数据

测量值	支路						
	1	2	3	4	5	6	$\sum P$
U/V							
I'/mA							
P'/W							
U'/V							
I/mA							
P/W							

将 R_3' 换成二极管，其余元件的参数同步骤 2。测量所需数据，绘制实验表格，验证特勒根定理 2。

五、实验注意事项

(1) 特勒根定理只要求 u_k、i_k 在数学上受到一定的约束，而不是要求它们代表某一物理量，所以特勒根定理不仅适用于同一网络的同一时刻，也适用于不同时刻及不同的网络(但要求具有相同的拓扑图)。

(2) 测量和记录时，应注意电压和电流的实际方向。

(3) 测量某一支路电流时，电流表串接于该电路中，由于电流表的内阻会造成一定的压降，因此会引起待测电路中工作电流的变化。电流表内阻越大，造成的误差越大。

(4) 测量电压时，电压表与被测部分并联，即使电压表内阻很大，也会从被测电路分流，引起电路工作状态改变，造成测量误差。电压表内阻越大，被测电路受到的影响越小，引起的误差也越小。

六、实验报告

(1) 根据测量的实验数据填写数据表格。

(2) 由测得的数据验证特勒根定理。

(3) 分析、研究实验数据，得出实验结论。

(4) 总结实验心得体会。

七、思考题

(1) 证明特勒根定理时，电流、电压的方向对计算结果有什么影响？

(2) 特勒根定理与元件性质是否有关？

3.9 电压源与电流源的等效变换

一、实验目的

(1) 掌握电源外特性的测试方法。

(2) 验证电压源与电流源等效变换的条件。

二、实验仪器与设备

序　号	名　称	型号与规格	数　量	备　注
1	可调直流稳压电源	0～30 V	1	
2	可调直流恒流源	0～500 mA	1	
3	直流数字电压表	0～200 V	1	
4	直流数字毫安表	0～200 mA	1	
5	万用表		1	
6	电阻器	120 Ω，200 Ω，300 Ω，1 kΩ		
7	可调电阻箱	0～99 999.9 Ω	1	

三、原理说明

一个直流稳压电源在一定的电流范围内具有很小的内阻，故在实用中，常将它视为一个理想的电压源，即其输出电压不随负载电流而变。其外特性曲线即伏安特性曲线 $U=f(I)$ 是一条平行于 I 轴的直线。实际使用中的恒流源在一定的电压范围内，可视为一个理想的电流源。

一个实际的电压源(或电流源)其端电压(或输出电流)不可能不随负载而变，因它具有一定的内阻值。故在实验中，用一个小阻值的电阻(或大电阻)与稳压源(或恒流源)相串联(或并联)来模拟一个实际的电压源(或电流源)。

一个实际的电源，就其外部特性而言，既可以看成是一个电压源，又可以看成是一个电流源。若视为电压源，则可用一个理想的电压源 U_S 与一个电阻 R_0 相串联的组合来表示；

若视为电流源，则可用一个理想电流源 I_S 与一电导 g_0 相并联的组合来表示。如果这两种电源能向同样大小的负载提供同样大小的电流和端电压，则称这两个电源是等效的，即具有相同的外特性。

电压源与电流源的等效变换如图 3－24 所示。等效变换的条件为

$$I_S=\frac{U_S}{R_0},\ g_0=\frac{1}{R_0}\quad \text{或}\quad U_S=I_SR_0,\ R_0=\frac{1}{g_0}$$

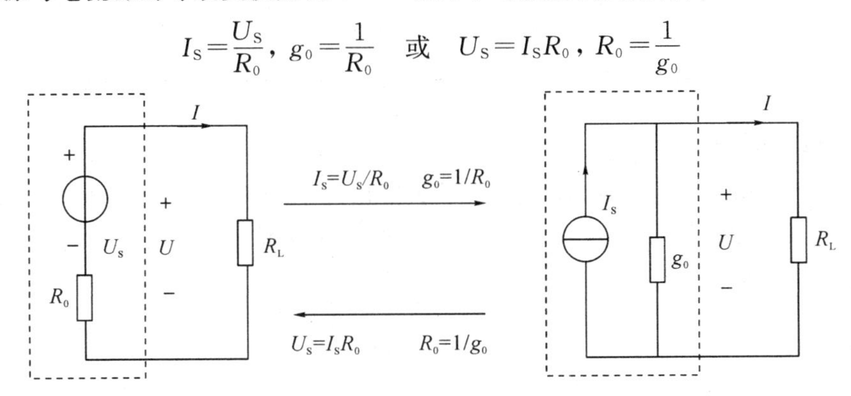

图 3－24　电压源与电流源等效变换

四、实验内容及步骤

1．测定直流稳压电源与实际电压源的外特性

(1) 按图 3－25(a)接线。U_S 为＋12 V 直流稳压电源(将 R_0 短接)。调节 R_2，令其阻值由大至小变化，记录两表的读数，填入表 3－24。

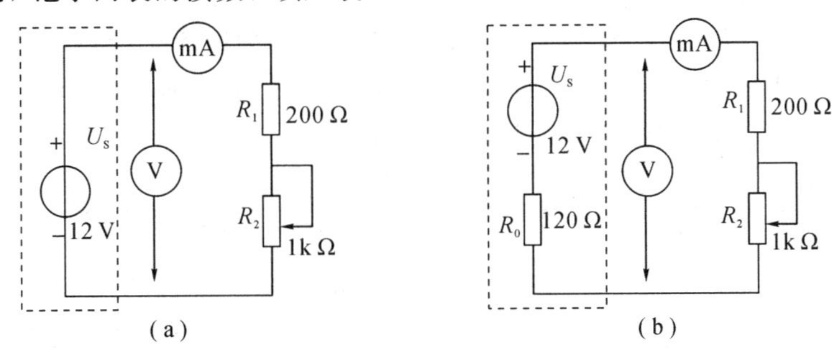

图 3－25　直流稳压电源与实际电压源外特性测试电路

表 3－24　直流稳压电源外特性记录表

U/V							
I/mA							

(2) 按图 3-25(b)接线，虚线框可模拟为一个实际的电压源。调节 R_2，令其阻值由大至小变化，记录两表的读数，填入表 3-25。

表 3-25 实际电压源外特性记录表

U/V							
I/mA							

2. 测定电流源的外特性

按图 3-26 接线，I_S 为直流恒流源，调节其输出为 10 mA，令 R_0 分别为 1 kΩ 和∞(即接入和断开)，调节电位器 R_L(从 0 至 1 kΩ)，测出这两种情况下电压表和电流表的读数。自拟数据表格，记录实验数据。

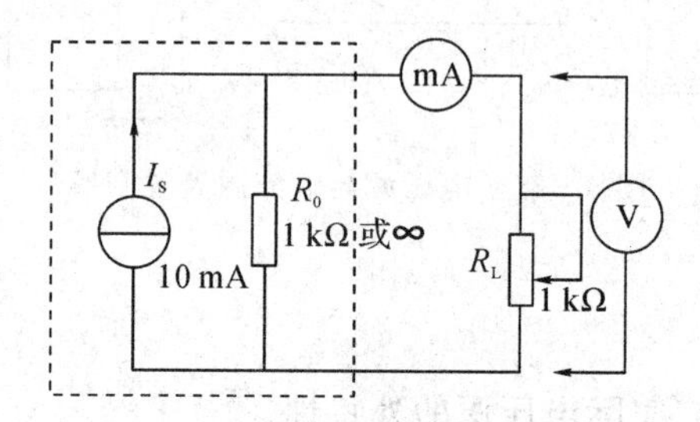

图 3-26 电流源外特性测试电路

3. 测定电源等效变换的条件

先按图 3-27(a)接线，记录线路中两表的读数。然后利用图 3-27(a)中右侧的元件和仪表，按图 3-27(b)接线。调节恒流源的输出电流 I_S，使两表的读数与图 3-27(a)时的数值相等，记录 I_S 之值，验证等效变换条件的正确性。

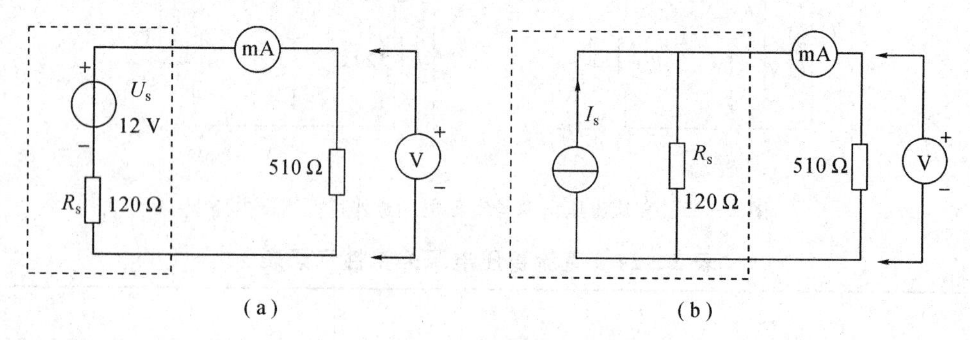

图 3-27 电源等效变换测试电路

五、实验注意事项

（1）在测电压源外特性时，不要忘记测空载时的电压值；测电流源外特性时，不要忘记测短路时的电流值。注意恒流源负载电压不要超过 20 V，负载不要开路。

（2）换接线路时，必须关闭电源开关。

（3）直流仪表的接入应注意极性与量程。

六、实验报告

（1）通常直流稳压电源的输出端不允许短路，直流恒流源的输出端不允许开路，为什么？

（2）电压源与电流源的外特性为什么呈下降变化趋势？稳压源和恒流源的输出在任何负载下是否保持恒值？

七、思考题

（1）根据实验数据绘出电源的四条外特性曲线，并总结、归纳各类电源的特性。

（2）从实验结果验证电源等效变换的条件。

（3）总结实验心得体会。

3.10 最大功率传输条件的测定

一、实验目的

(1) 掌握负载获得最大传输功率的条件。

(2) 了解电源输出功率与效率的关系。

二、实验仪器与设备

序　号	名　称	型号与规格	数　量	备　注
1	直流电流表	0～200 mA	1	
2	直流电压表	0～200 V	1	
3	直流稳压电源	0～30 V	1	
4	元件箱		1	

三、原理说明

1. 电源与负载功率的关系

图 3-28 可视为由一个电源向负载输送电能的模型，R_0可视为电源内阻和传输线路电阻的总和，R_L为可变负载电阻。负载 R_L上消耗的功率 P 可由下式表示：

$$P=I^2R_L=\left(\frac{U_S}{R_0+R_L}\right)^2R_L$$

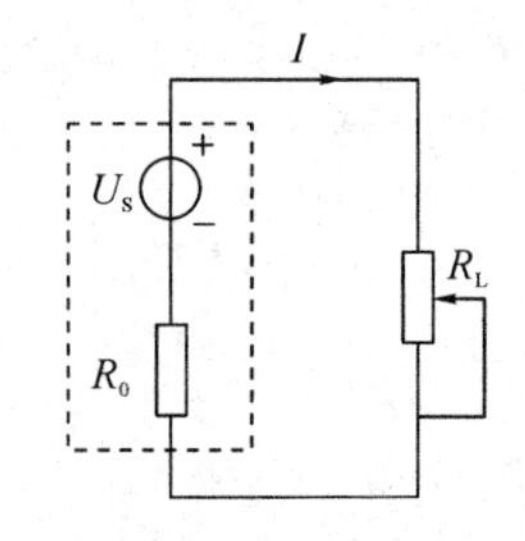

图 3-28　等效电压源接负载电路

当 $R_L=0$ 或 $R_L=\infty$时，电源输送给负载的功率均为零。而以不同的 R_L值代入上式可求得不同的 P 值，其中必有一个 R_L值，使负载能从电源处获得最大的功率。

2. 负载获得最大功率的条件

根据数学求最大值的方法，令负载功率表达式中的 R_L为自变量，P 为应变量，并使 $dP/dR_L=0$，即可求得最大功率传输的条件：

$$\frac{\mathrm{d}P}{\mathrm{d}R_{\mathrm{L}}}=0，即\frac{\mathrm{d}P}{\mathrm{d}R_{\mathrm{L}}}=\frac{[(R_0+R_{\mathrm{L}})^2-2R_{\mathrm{L}}(R_{\mathrm{L}}+R_0)]U_{\mathrm{S}}^2}{(R_0+R_{\mathrm{L}})^4}=0$$

令$(R_{\mathrm{L}}+R_0)^2-2R_{\mathrm{L}}(R_{\mathrm{L}}+R_0)=0$，解得

$$R_{\mathrm{L}}=R_0$$

当满足 $R_{\mathrm{L}}=R_0$时，负载从电源获得的最大功率为

$$P_{\max}=\left(\frac{U_{\mathrm{S}}}{R_0+R_{\mathrm{L}}}\right)^2R_{\mathrm{L}}=\left(\frac{U_{\mathrm{S}}}{2R_{\mathrm{L}}}\right)^2R_{\mathrm{L}}=\frac{U_{\mathrm{S}}^2}{4R_{\mathrm{L}}}$$

这时，称此电路处于“匹配”工作状态。

3. 匹配电路的特点及应用

在电路处于“匹配”状态时，电源本身要消耗一半的功率。此时电源的效率只有 50%，显然，这对电力系统的能量传输过程是绝对不允许的。发电机的内阻是很小的，电路传输的最主要指标是要高效率送电，最好是 100%的功率均传送给负载。为此负载电阻应远大于电源的内阻，即不允许运行在匹配状态。而在电子技术领域里却完全不同。一般的信号源本身功率较小，且都有较大的内阻，而负载电阻(如扬声器等)往往是较小的定值，且希望能从电源获得最大的功率输出，而电源的效率往往不予考虑。通常设法改变负载电阻，或者在信号源与负载之间加阻抗变换器(如音频功放的输出级与扬声器之间的输出变压器)，使电路处于工作匹配状态，以使负载能获得最大的输出功率。

四、实验内容及步骤

(1) 利用相关器件及实验台上的电流插座，参照图 3-29 接线。图中的电源 U_{S}接直流稳压电源，负载 R_{L}取自可调电阻。

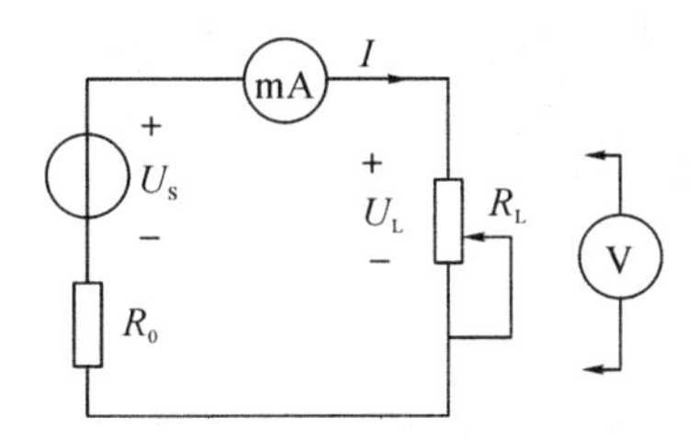

图 3-29　最大功率传输测试电路

(2) 开启稳压电源开关，调节其输出电压为 10 V，之后关闭该电源，通过导线将其输出端接至实验线路 U_{S}两端。

(3) 设置 $R_0=100\ \Omega$，开启稳压电源，用直流电压表按表 3-26 中的内容进行测量，即令 R_{L}在 0～1 kΩ 范围内变化，分别测出 U_{o}、U_{L}及 I 的值，并填入表 3-26 中。表中 U_{o}、P_{o}($=U_{\mathrm{o}}\times I$)分别为稳压电源的输出电压和功率，U_{L}、P_{L}($=U_{\mathrm{L}}\times I$)分别为 R_{L}两端的电压和

功率，I 为电路的电流。

（4）改变内阻值为 $R_0=300\ \Omega$，输出电压 $U_S=15$ V，重复上述测量，结果填入表3-26。

表 3-26 最大功率传输测试实验数据

$U_S=10$ V $R_0=100\ \Omega$	R_L/Ω	0	100	200	300	500	700	800	1000	∞
	U_o/V									
	U_L/V									
	I/mA									
	P_o/W									
	P_L/W									
$U_S=15$ V $R_0=300\ \Omega$	R_L/Ω	0	100	200	300	500	700	800	1000	∞
	U_o/V									
	U_L/V									
	I/mA									
	P_o/W									
	P_L/W									

五、实验报告

（1）整理实验数据，分别画出两种不同内阻下的下列各关系曲线：

$$I-R_L,\ U_o-R_L,\ U_L-R_L,\ P_o-R_L,\ P_L-R_L$$

（2）根据实验结果，说明负载获得最大功率的条件是什么？

六、实验注意事项

（1）实验前要了解智能电压表、电流表的使用与操作方法。

（2）在最大功率附近可多测几点。

七、思考题

（1）电力系统进行电能传输时为什么不能工作在匹配状态？

（2）实际应用中，电源的内阻是否随负载而变？

（3）电源电压的变化对最大功率传输的条件有无影响？

3.11　受控源 VCVS、VCCS、CCVS、CCCS 的实验研究

一、实验目的

通过测试受控源的外特性及其转移参数，进一步理解受控源的物理概念，加深对受控源的认识和理解。

二、实验仪器与设备

序　号	名　称	型号与规格	数　量	备　注
1	可调直流稳压源	0～30 V	1	
2	可调恒流源	0～500 mA	1	
3	直流数字电压表	0～200 V	1	
4	直流数字毫安表	0～200 mA	1	
5	可变电阻箱	0～99 999.9 Ω	1	
6	受控源实验电路板		1	

三、原理说明

电源有独立电源(如电池、发电机等)与非独立电源(或称为受控源)之分。

受控源与独立源的不同点是：独立源的电势 E_S 或电流 I_S 是某一固定的数值或是时间的某一函数，它不随电路其余部分的状态而变，而受控源的电势或电流则随电路中另一支路的电压或电流而变。

受控源又与无源元件不同，无源元件两端的电压和它自身的电流有一定的函数关系，而受控源的输出电压或电流则和另一支路(或元件)的电流或电压有某种函数关系。

独立源与无源元件是二端器件，受控源则是四端器件，或称为双口元件。受控源有一对输入端(U_1、I_1)和一对输出端(U_2、I_2)，输入端可以控制输出端电压或电流的大小。施加于输入端的控制量可以是电压或电流，因而有两种受控电压源(电压控制电压源 VCVS 和电流控制电压源 CCVS)和两种受控电流源(电压控制电流源 VCCS 和电流控制电流源 CCCS)，电路模型如图 3－30 所示。

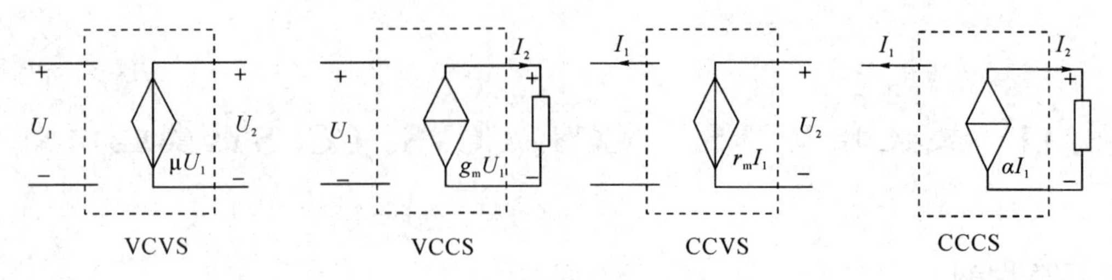

图 3-30　理想受控源模型

当受控源的输出电压(或电流)与控制支路的电压(或电流)成正比变化时，则称该受控源是线性的。

理想受控源的控制支路中只有一个独立变量(电压或电流)，另一个独立变量等于零，即从输入口看，理想受控源或者是短路(即输入电阻 $R_1=0$，因而 $U_1=0$)或者是开路(即输入电导 $G_1=0$，因而输入电流 $I_1=0$)；从输出口看，理想受控源或是一个理想电压源或者是一个理想电流源。

受控源的控制端与受控端的关系式称为转移函数。

四种受控源的转移函数参量的定义如下：

(1) 压控电压源(VCVS)：$U_2=f(U_1)$，$\mu=U_2/U_1$称为转移电压比(或电压增益)。

(2) 压控电流源(VCCS)：$I_2=f(U_1)$，$g_m=I_2/U_1$称为转移电导。

(3) 流控电压源(CCVS)：$U_2=f(I_1)$，$r_m=U_2/I_1$称为转移电阻。

(4) 流控电流源(CCCS)：$I_2=f(I_1)$，$\alpha=I_2/I_1$称为转移电流比(或电流增益)。

四、实验内容及步骤

1. 测量受控源 VCVS 的转移特性及负载特性

实验线路如图3-31所示。U_1 为可调直流稳压电源，R_L 为可变电阻箱。

(1) 不接电流表，固定 $R_L=2\ \text{k}\Omega$，调节稳压电源输出电压 U_1，测量 U_1及相应的U_2值，记入表 3-27。在方格纸上绘出电压转移特性曲线 $U_2=f(U_1)$，并在其线性部分求出转移电压比 μ。

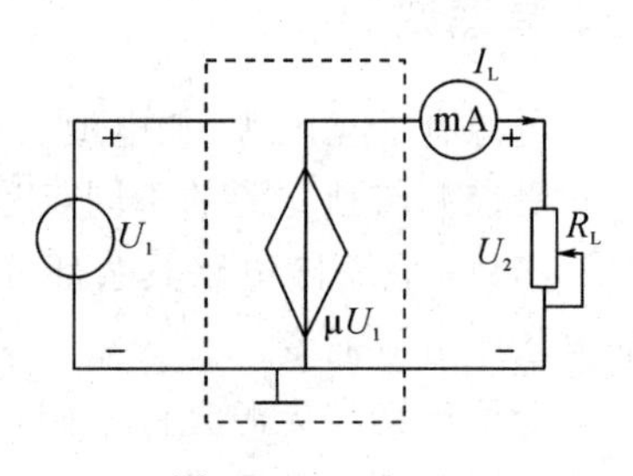

图 3-31　VCVS

表 3-27　固定 R_L记录表(VCVS 实验)

U_1/V	0	1	2	3	5	7	8	9	μ
U_2/V									

(2) 接入电流表，保持$U_1=2$ V，调节R_L可变电阻箱的阻值，测U_2及I_L，绘制负载特性曲线$U_2=f(I_L)$。测试数据填入表3-28。

表3-28 可调R_L记录表(VCVS实验)

R_L/Ω	50	70	100	200	300	400	500	∞
U_2/V								
I_L/mA								

2. 测量受控源VCCS的转移特性及负载特性

实验线路如图3-32所示。

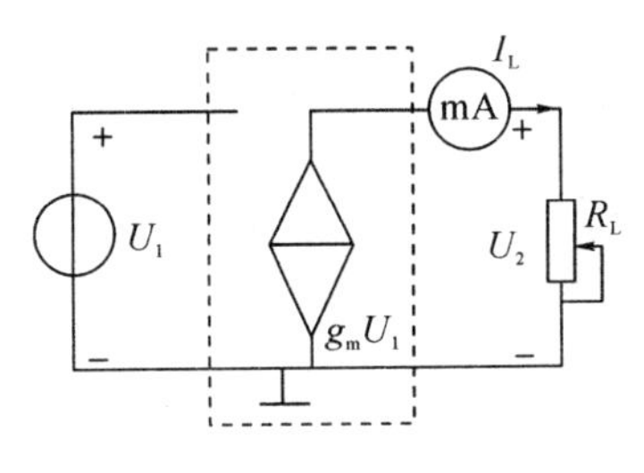

图3-32 VCCS

(1) 固定$R_L=2$ kΩ，调节稳压电源的输出电压U_1，测出相应的I_L值，绘制$I_L=f(U_1)$曲线，并由其线性部分求出转移电导g_m。测试数据填入表3-29。

表3-29 固定R_L记录表(VCCS实验)

U_1/V	0.1	0.5	1.0	2.0	3.0	3.5	3.7	4.0	g_m
I_L/mA									

(2) 保持$U_1=2$ V，令R_L从大到小变化，测出相应的I_L及U_2，绘制$I_L=f(U_2)$曲线。测试数据填入表3-30。

表3-30 可调R_L记录表(VCCS实验)

R_L/kΩ	50	20	10	8	7	6	5	4	2	1
I_L/mA										
U_2/V										

3. 测量受控源 CCVS 的转移特性与负载特性

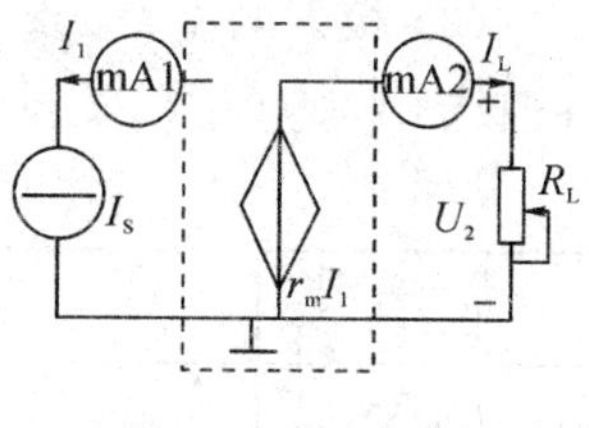

图 3-33 CCVS

实验线路如图3-33所示。I_S 为可调直流恒流源，R_L 为可变电阻箱。

(1) 固定 $R_L=2$ kΩ，调节恒流源的输出电流 I_S，按表 3-31 所列 I_S值测出 U_2，绘制 $U_2=f(I_S)$曲线，并由其线性部分求出转移电阻 r_m。

表 3-31 固定 R_L记录表(CCVS 实验)

I_S/mA	0.1	1.0	3.0	5.0	7.0	8.0	9.0	9.5	r_m
U_2/V									

(2) 保持 $I_S=2$ mA，按表 3-32 所列 R_L值测出 U_2及 I_L，绘制负载特性曲线 $U_2=f(I_L)$。

表 3-32 可调 R_L记录表(CCVS 实验)

R_L/kΩ	0.5	1	2	4	6	8	10
U_2/V							
I_L/mA							

4. 测量受控源 CCCS 的转移特性及负载特性

实验线路如图3-34所示。

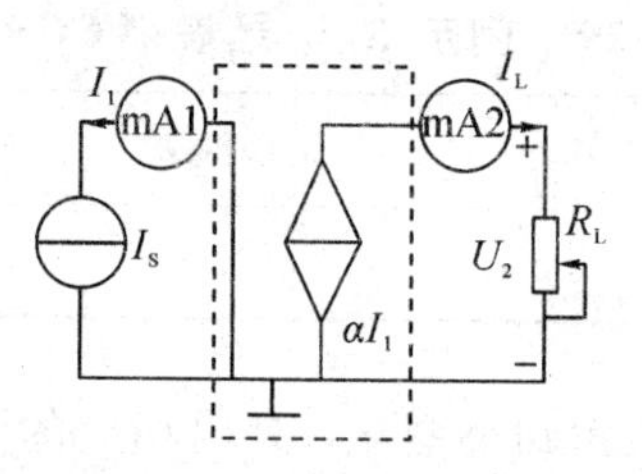

图 3-34 CCCS

(1) 参见步骤 3 测出 I_L，绘制 $I_L=f(I_S)$曲线，并由其线性部分求出转移电流比 α。测试数据填入表 3-33。

表 3-33 固定 R_L记录表(CCCS 实验)

I_S/mA	0.1	0.2	0.5	1	1.5	2	2.2	α
I_L/mA								

（2）保持 $I_S=1$ mA，令 R_L 为表 3 - 34 所列值，测出 I_L 及 U_2 值，绘制 $I_L=f(U_2)$ 曲线。

表 3 - 34 可调 R_L 记录表(CCCS 实验)

R_L/kΩ	0	0.1	0.5	1	2	5	10	20	30	80
I_L/mA										
U_2/V										

五、实验注意事项

（1）每次组装线路时必须事先断开供电电源，但不必关闭电源总开关。

（2）用恒流源供电的实验中，不要使恒流源的负载开路。

六、实验报告

（1）根据实验数据，在方格纸上分别绘出四种受控源的转移特性和负载特性曲线，并求出相应的转移参量。

（2）对思考题作必要的回答。

（3）对实验的结果作出合理的分析，总结对四种受控源的认识和理解。

（4）总结实验心得体会。

七、思考题

（1）受控源和独立源相比有何异同点？比较四种受控源的代号、电路模型以及控制量与被控量的关系。

（2）四种受控源中的 r_m、g_m、α 和 μ 的意义是什么？如何测得？

（3）若受控源控制量的极性反向，试问其输出极性是否发生变化？

（4）受控源的控制特性是否适合于交流信号？

（5）如何由两个基本的受控源 CCVS 和 VCCS 获得其他两个受控源 CCCS 和 VCVS，它们的输入输出如何连接？

3.12 典型电信号的观察与测量

一、实验目的

(1) 熟悉低频信号发生器、脉冲信号发生器各旋钮、开关的作用及其使用方法。

(2) 初步掌握用示波器观察电信号波形，定量测出正弦信号和脉冲信号的波形参数。

(3) 初步掌握示波器、信号发生器的使用。

二、原理说明

正弦交流信号和方波脉冲信号是常用的电激励信号，可分别由低频信号发生器和脉冲信号发生器提供。正弦信号的波形参数是幅值 U_m、周期 T(或频率 f)和初相；脉冲信号的波形参数是幅值 U_m、周期 T 及脉宽 t_k。本实验装置能提供频率范围为 20 Hz～50 kHz 的正弦波及方波，并有 6 位 LED 数码管显示信号的频率。正弦波的幅度值在 0～5 V 之间连续可调，方波的幅度为 1～3.8 V 可调。

电子示波器是一种信号图形观测仪器，可测出电信号的波形参数。从荧光屏的 Y 轴刻度尺并结合其量程分挡选择开关(输入电压灵敏度 V/div)读得电信号的幅值；从荧光屏的 X 轴刻度尺并结合其量程分挡选择开关(时间扫描速度 t/div)，读得电信号的周期、脉宽、相位差等参数。为了完成对各种不同波形的观察和测量，它还有一些其他的调节和控制旋钮，希望在实验中加以摸索和掌握。

一台双踪示波器可以同时观察和测量两个信号的波形和参数。

三、实验仪器与设备

序　号	名　　称	型号与规格	数　量	备　注
1	双踪示波器		1	自备
2	低频脉冲信号发生器		1	
3	交流毫伏表	0～400 V	1	自备
4	频率计		1	

四、实验内容及步骤

1. 双踪示波器的自检

将示波器面板部分的"标准信号"插口通过示波器专用同轴电缆接至双踪示波器的 Y 轴输入插口 Y_A 或 Y_B 端，然后开启示波器电源，指示灯亮。稍后，协调地调节示波器面板上的"辉度"、"聚焦"、"辅助聚焦"、"X 轴位移"、"Y 轴位移"等旋钮，使荧光屏的中心部分显示出线条细而清晰、亮度适中的方波波形。将示波器的幅度和扫描速度微调旋钮旋至"校准"位置，从荧光屏上读出该"标准信号"的幅值与频率，并与标称值(1 V，1 kHz)作比较，如相差较大，请指导老师给予校准。

2. 正弦波信号的观测

(1) 将示波器的幅度和扫描速度微调旋钮旋至"校准"位置。

(2) 通过电缆线，将信号发生器的正弦波输出口与示波器的 Y_A 插座相连。

(3) 接通信号发生器的电源，选择正弦波输出。通过相应调节，使输出频率分别为 50 Hz、1.5 kHz 和 20 kHz(由频率计读出)；再使输出幅值的有效值分别为 0.1 V、1 V、3 V(由交流毫伏表读得)。调节示波器 Y 轴和 X 轴的偏转灵敏度至合适的位置，从荧光屏上读得幅值及周期，记入表 3-35 和表 3-36 中。

表 3-35　正弦波频率测定记录表

频率计读数 所测项目	50 Hz	1500 Hz	20 000 Hz
示波器"t/div"旋钮位置			
一个周期占有的格数			
信号周期/s			
计算所得频率/Hz			

表 3-36　正弦波幅值测定记录表

交流毫伏表读数 所测项目	0.1 V	1 V	3 V
示波器"V/div"旋钮位置			
峰-峰值波形格数			
峰-峰值			
计算所得有效值			

3. 方波脉冲信号的观察和测定

(1) 将电缆插头换接在脉冲信号的输出插口上，选择方波信号输出。

(2) 调节方波的输出幅度为 3.0V_{P-P}(用示波器测定)，分别观测 100 Hz、3 kHz 和 30 kHz方波信号的波形参数。

(3) 使信号频率保持在 3 kHz，选择不同的幅度及脉宽，观测波形参数的变化。

五、实验注意事项

(1) 示波器的辉度不要过亮。

(2) 调节仪器旋钮时，动作不要过快、过猛。

(3) 调节示波器时，要注意触发开关和电平调节旋钮的配合使用，以使显示的波形稳定。

(4) 作定量测定时，“t/div” 和“V/div” 的微调旋钮应旋至“校准”位置。

(5) 为防止外界干扰，信号发生器的接地端与示波器的接地端要相连(称共地)。

(6) 不同品牌的示波器，各旋钮、功能的标注不尽相同，实验前请详细阅读所用示波器的说明书。

(7) 实验前应认真阅读信号发生器的使用说明书。

六、实验报告

(1) 整理实验中显示的各种波形，绘制有代表性的波形。

(2) 总结实验中所用仪器的使用方法及观测电信号的方法。

(3) 用示波器观察正弦信号时，如荧光屏上出现图 3-35 所示的几种情况，试说明测试系统中哪些旋钮的位置不对？应如何调节？

(4) 总结心得体会。

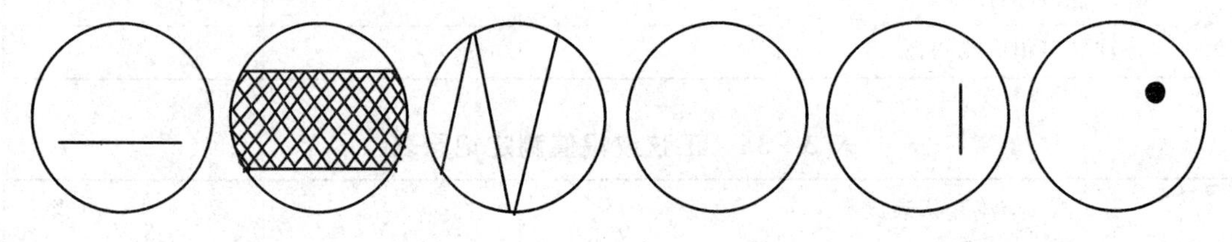

图 3-35 示波器显示异常情况

七、思考题

(1) 示波器面板上“t/div” 和“V/div”的含义是什么？

(2) 观察本机“标准信号”时，要在荧光屏上得到两个周期的稳定波形，且幅度要求为五格，试问 Y 轴电压灵敏度应置于哪一挡位置？"t/div"又应置于哪一挡位置？

(3) 应用双踪示波器观察到图 3-36 所示的两个波形，Y_A 和 Y_B 轴的"V/div"旋钮位置均为 0.5 V，"t/div"旋钮位置为 20 μs。试写出这两个波形信号的波形参数。

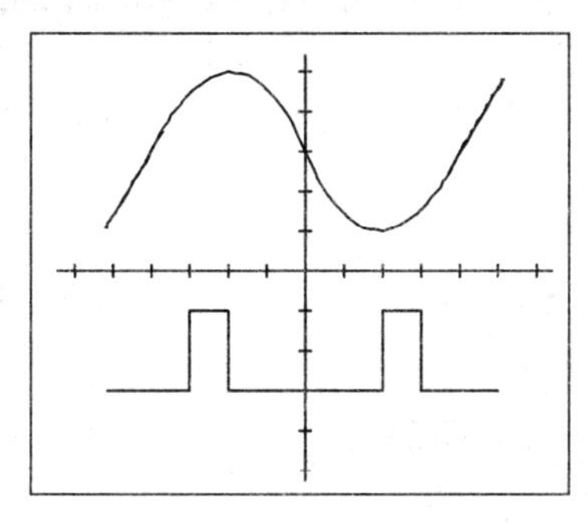

图 3-36 示波器显示波形

3.13 RC 一阶电路的响应测试

一、实验目的

(1) 测定 RC 一阶电路的零输入响应、零状态响应及完全响应。

(2) 学习电路时间常数的测量方法。

(3) 掌握有关微分电路和积分电路的概念。

(4) 进一步学会用示波器观测波形。

二、实验仪器与设备

序号	名称	型号与规格	数量	备注
1	函数信号发生器		1	
2	双踪示波器		1	
3	动态电路实验相关元器件		若干	

三、原理说明

动态网络的过渡过程是十分短暂的单次变化过程。要用普通示波器观察过渡过程和测量有关的参数较为困难，必须使这种单次变化的过程重复出现。为此，我们利用信号发生器输出的方波来模拟阶跃激励信号，即利用方波输出的上升沿作为零状态响应的正阶跃激励信号；利用方波的下降沿作为零输入响应的负阶跃激励信号。只要选择方波的重复周期远大于电路的时间常数 τ，电路在这样的方波序列脉冲信号的激励下，它的响应就和直流电接通与断开的过渡过程是基本相同的。

图 3-37(b)所示的 RC 一阶电路的零输入响应和零状态响应分别按指数规律衰减和增长，其变化的快慢决定于电路的时间常数 τ。

时间常数 τ 的测定方法：

用示波器测量零输入响应的波形如图 3-37(a)所示。根据一阶微分方程的求解得知 $u_C=U_m e^{-t/RC}=U_m e^{-t/\tau}$。当 $t=\tau$ 时，$u_C(\tau)=0.368U_m$。此时所对应的时间就等于 τ。亦可用零状态响应波形增加到 $0.632U_m$ 所对应的时间测得，如图 3-37(c)所示。

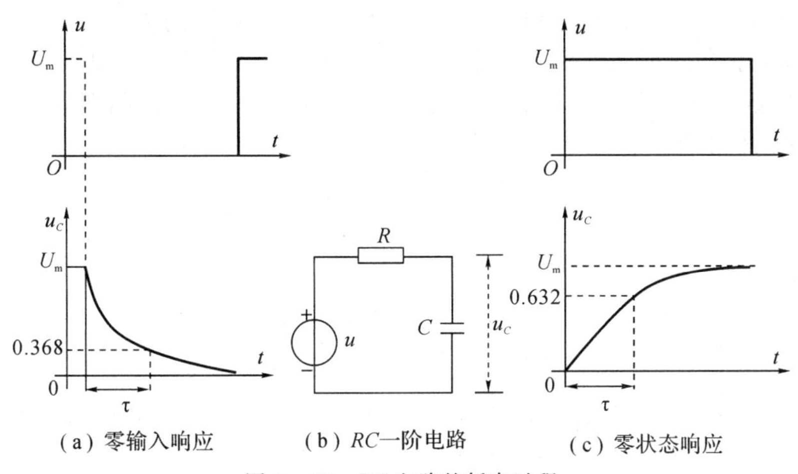

图 3-37　RC 电路的暂态过程

微分电路和积分电路是 RC 一阶电路中较典型的电路，它对电路元件参数和输入信号的周期有着特定的要求。一个简单的 RC 串联电路，在方波序列脉冲的重复激励下，当满足 $\tau=RC\ll T/2$ 时（T 为方波脉冲的重复周期），且由 R 两端的电压作为响应输出，则该电路就是一个微分电路，因为此时电路的输出信号电压与输入信号电压的微分成正比，如图 3-38(a)所示。利用微分电路可以将方波转变成尖脉冲。

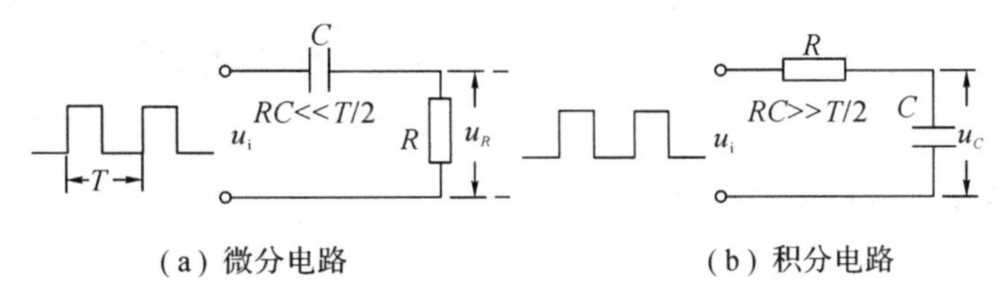

图 3-38　RC 微分电路和积分电路

若将图 3-38(a)中的 R 与 C 位置调换一下，如图 3-38(b)所示，由 C 两端的电压作为响应输出，且当电路的参数满足 $\tau=RC\gg T/2$ 时，则该 RC 电路称为积分电路，因为此时电路的输出信号电压与输入信号电压的积分成正比。利用积分电路可以将方波转变成三角波。

从输入、输出波形来看，上述两个电路均起着波形变换的作用，请在实验过程中仔细观察与记录。

四、实验步骤与内容

1. 测量 *RC* 一阶电路的时间常数 τ

从实验箱上选 $R=10\ \text{k}\Omega$，$C=6800\ \text{pF}$，按图 3-39 接线。调节函数信号发生器，使其输出 $U_m=3\ \text{V}$、$f=1\ \text{kHz}$的方波电压信号，并通过两根同轴电缆线，将激励源 u_i和响应 u_C的

信号分别连至示波器的两个输入口 Y_A和 Y_B。这时可在示波器的屏幕上观察到激励与响应的变化规律，请测算出时间常数 τ(零输入时，调节示波器观察电压到达 $0.368U_m$ 的放电时间即为时间常数 τ，或者零状态时观察电压到达 $0.632U_m$ 的充电时间即为 τ)，并用方格纸按 1∶1 的比例描绘波形。

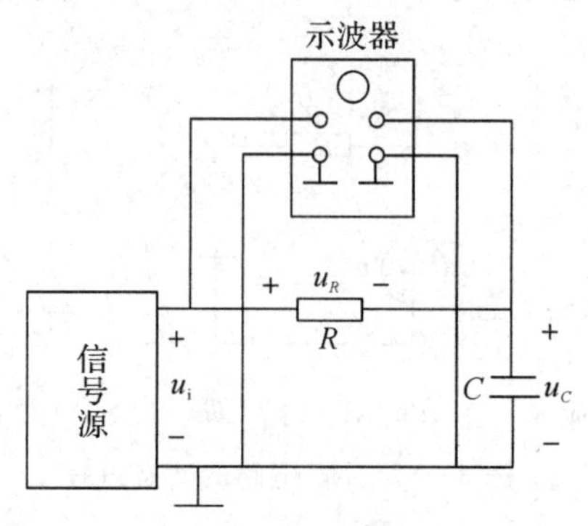

图 3-39 RC 一阶电路测试实验电路

少量地改变电容值或电阻值，定性地观察对响应的影响，记录观察到的现象。

2. 观察并描绘积分电路的激励与响应

(1) 令 R=10 kΩ，C=0.01 μF，定性地观察并描绘零输入和零状态响应的波形。

(2) 令 R=6.2 kΩ，C=0.01 μF，定性地观察并描绘零输入和零状态响应的波形。

(3) 令 R=10 kΩ，C=0.1 μF，定性地观察并描绘零输入和零状态响应的波形，继续增大 C 的值，观察对响应的影响。

3. 观察并描绘微分电路的激励与响应

(1) 令 C=0.01 μF，R=100 Ω，组成图 3-38(a)所示的微分电路。在同样的方波激励信号(U_m=3 V，f=1 kHz)作用下，观察并描绘激励与响应的波形。

(2) 增减 R 的值，定性地观察对响应的影响，并作记录。当 R 增至 1 MΩ 时，输入、输出波形有何本质上的区别?

五、实验注意事项

(1) 调节电子仪器各旋钮时，动作不要过快、过猛。实验前，需熟读双踪示波器的使用说明书。观察双踪示波器时，要特别注意相应开关、旋钮的操作与调节。

(2) 信号源的接地端与示波器的接地端要连在一起(共地)，以防外界干扰而影响测量的准确性。

(3) 示波器的辉度不应过亮，尤其是光点长期停留在荧光屏上不动时，应将辉度调暗，以延长示波管的使用寿命。

六、实验报告

(1) 根据实验观测结果，在方格纸上绘出 RC 一阶电路充放电时 u_C 的变化曲线，由曲线测得 τ 值，并与参数值的计算结果作比较，分析误差原因。

(2) 根据实验观测结果，归纳、总结积分电路和微分电路的形成条件，阐明波形变换的特征。

(3) 总结实验收获与体会。

七、思考题

(1) 什么样的电信号可作为 RC 一阶电路零输入响应、零状态响应和完全响应的激励源？

(2) 已知 RC 一阶电路 $R=10\ \text{k}\Omega$，$C=0.1\ \mu\text{F}$，试计算时间常数 τ，并根据 τ 值的物理意义拟定测量 τ 的方案。

(3) 何谓积分电路和微分电路？它们必须具备什么条件？它们在方波序列脉冲的激励下，其输出信号波形的变化规律如何？这两种电路有何功用？

(4) 示波器的辉度调得过亮，或光点长期停留在荧光屏上不动时，对示波管将产生什么影响？

3.14 二阶动态电路响应

一、实验目的

(1) 测试二阶动态电路的零状态响应和零输入响应，了解电路元件参数对响应的影响。

(2) 观察、分析二阶电路响应的三种状态轨迹及其特点，以加深对二阶电路响应的认识与理解。

(3) 研究 *RLC* 二阶电路的零输入响应、零状态响应的规律和特点，了解电路参数对响应的影响。

二、实验仪器与设备

序　号	名　称	型号与规格	数　量	备　注
1	函数信号发生器		1	
2	双踪示波器		1	
3	动态实验电路相关元器件			

三、原理说明

凡是可用二阶微分方程来描述的电路称为二阶电路。一个二阶电路在方波正、负阶跃信号的激励下，可获得零状态与零输入响应，其响应的变化轨迹决定于电路的固有频率。当调节电路的元件参数值，使电路的固有频率分别为负实数、共轭复数及虚数时，可获得单调的衰减、衰减振荡和等幅振荡的响应。在实验中可获得过阻尼、欠阻尼和临界阻尼这三种响应图形。

简单而典型的二阶电路是 *RLC* 串联电路和 *GCL* 并联电路，这二者之间存在着对偶关系。本实验仅对 *GCL* 并联电路进行研究。图 3－40 所示的 *RLC* 串联电路是一个典型的二阶电路。

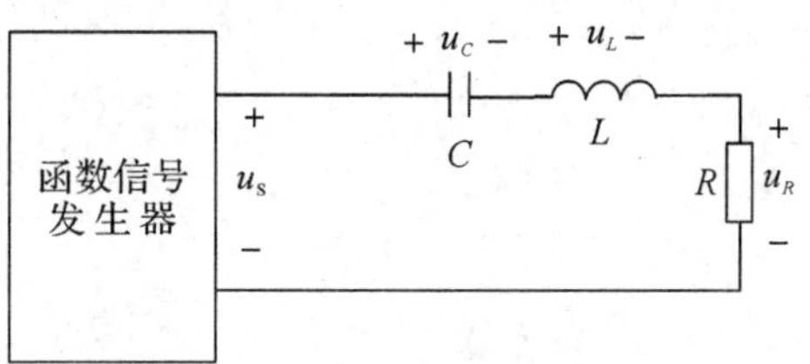

图 3－40　*RLC* 串联二阶电路

四、实验内容及步骤

利用元件与开关的配合作用，组成图 3－41 所示的 GCL 并联电路。

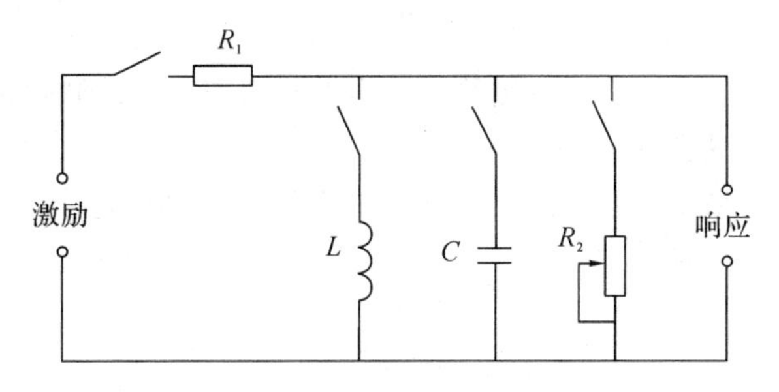

图 3－41　GCL 并联电路

令 $R_1=10\ \text{k}\Omega$，$L=4.7\ \text{mH}$，$C=1000\ \text{pF}$，R_2 为 10 kΩ 可变电阻器。令脉冲信号发生器的输出为 $U_m=1.5\ \text{V}$、$f=1\ \text{kHz}$ 的方波脉冲，通过同轴电缆接至图中的激励端，同时用同轴电缆将激励端和响应输出接至双踪示波器的 Y_A 和 Y_B 两个输入口。

（1）调节可变电阻器 R_2 之值，观察二阶电路的零输入响应和零状态响应由过阻尼过渡到临界阻尼，最后过渡到欠阻尼的变化过渡过程，分别定性地描绘、记录响应的典型变化波形。

（2）调节 R_2 使示波器荧光屏上呈现稳定的欠阻尼响应波形，定量测定此时电路的衰减常数 α 和振荡频率 ω_d。

（3）改变一组电路参数，如增、减 L 或 C 之值，重复步骤(2)的测量，将测量结果记录于表 3－37。随后仔细观察改变电路参数时 ω_d 与 α 的变化趋势，将测量结果记录于表3－37。

表 3－37　二阶动态电路响应测试数据

<table>
<tr><th rowspan="2">电路参数
实验次数</th><th colspan="4">元　件　参　数</th><th colspan="2">测量值</th></tr>
<tr><th>R_1</th><th>R_2</th><th>L</th><th>C</th><th>α</th><th>ω_d</th></tr>
<tr><td>1</td><td>10 kΩ</td><td rowspan="4">调至某一欠阻尼状态</td><td>4.7 mH</td><td>1000 pF</td><td></td><td></td></tr>
<tr><td>2</td><td>10 kΩ</td><td>4.7 mH</td><td>0.01 μF</td><td></td><td></td></tr>
<tr><td>3</td><td>30 kΩ</td><td>4.7 mH</td><td>0.01 μF</td><td></td><td></td></tr>
<tr><td>4</td><td>10 kΩ</td><td>10 mH</td><td>0.01 μF</td><td></td><td></td></tr>
</table>

五、实验注意事项

（1）调节 R_2 时，要细心、缓慢，临界阻尼要找准。

(2) 观察双踪示波器时，显示要稳定，如不同步，则可采用外同步法触发(看示波器说明)。

六、实验报告

(1) 根据观测结果，在方格纸上描绘二阶电路过阻尼、临界阻尼和欠阻尼的响应波形。

(2) 测算欠阻尼振荡曲线上的 α 与 ω_d。

(3) 归纳、总结电路元件参数的改变对响应变化趋势的影响。

(4) 总结实验收获与体会。

七、思考题

(1) 根据二阶电路实验电路元件的参数，计算出处于临界阻尼状态的 R_2 之值。

(2) 在示波器荧光屏上，如何测得二阶电路零输入响应欠阻尼状态的衰减常数 α 和振荡频率 ω_d?

3.15　正弦电路中 *RLC* 元件的阻抗特性

一、实验目的

(1) 加深对 *RLC* 元件在正弦交流电路中基本特性的认识。

(2) 研究 *RLC* 元件并联电路中总电流和各支路电流之间的关系。

(3) 验证电阻、感抗、容抗与频率的关系，测定 $R-f$、X_L-f 及 X_C-f 的特性曲线。

(4) 加深理解 R、L、C 元件端电压与电流间的相位关系。

二、实验仪器与设备

序　号	名　称	型号与规格	数　量	备　注
1	低频信号发生器		1	
2	交流电流表	0～500 V	1	
3	双踪示波器		1	
4	频率计		1	
5	实验线路元件	$R=1\ \text{k}\Omega$，$C=1\ \mu\text{F}$，$L\approx 1\ \text{H}$	1	
6	标准小电阻	30 Ω	1	

三、原理说明

单个元件阻抗与频率的关系如下：

(1) 对于电阻元件，根据$\dfrac{\dot{U}_R}{\dot{I}_R}=R\angle 0°$，其中$\dfrac{U_R}{I_R}=R$，故电阻 R 与频率无关。

(2) 对于电感元件，根据$\dfrac{\dot{U}_L}{\dot{I}_L}=\text{j}X_L$，其中$\dfrac{U_L}{I_L}=X_L=2\pi fL$，故感抗 X_L 与频率成正比。

(3) 对于电容元件，根据$\dfrac{\dot{U}_C}{\dot{I}_C}=-\text{j}X_C$，其中$\dfrac{U_C}{I_C}=X_C=\dfrac{1}{2\pi fC}$，故容抗 X_C 与频率成反比。

在正弦交变信号作用下，R、L、C 电路元件在电路中的抗流作用与信号的频率有关，它们的阻抗频率特性 $R \sim f$、$X_L \sim f$、$X_C \sim f$ 的曲线如图 3-42 所示。

元件阻抗频率特性的测量电路如图 3-43 所示。

图 3-43 中的 r 是提供测量回路电流用的标准小电阻，由于 r 的阻值远小于被测元件的阻抗值，因此可以认为 AB 之间的电压就是被测元件 R、L 或 C 两端的电压，流过被测元件的电流(i_R、i_C、i_L)则可由 r 两端的电压除以 r 获得。用被测元件的电压除以对应的元件电流，便可得到 R、X_L、X_C 的数值。

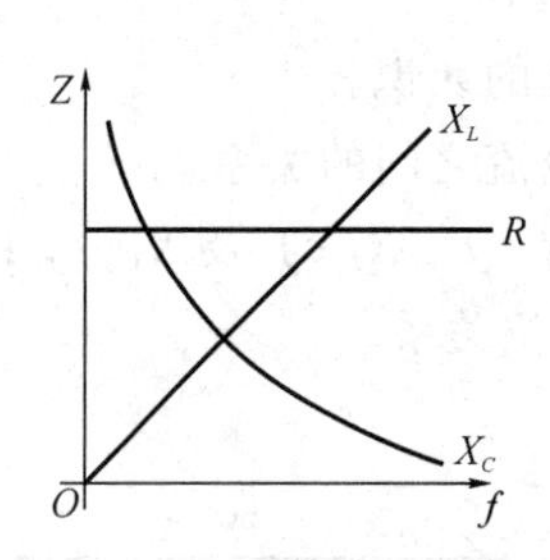

图 3-42　R、L、C 元件阻抗频率特性

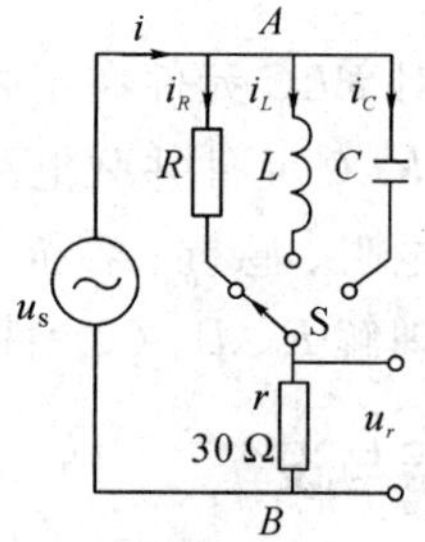

图 3-43　阻抗频率特性测量电路

若用双踪示波器同时观察 r 与被测元件两端的电压，亦就展现出被测元件两端的电压和流过该元件电流的波形，从而可在荧光屏上测出电压与电流的幅值及它们之间的相位差。在荧光屏上会看到：$R-r$ 电路中电压 u 与电流 i_R 的相位差 $\varphi=0$，$L-r$ 电路中电位关系是电流 i_L 滞后电压 u，$C-r$ 电路中相位关系是电流 i_C 超前电压 u。

将元件 R、L、C 串联或并联相接，亦可用同样的方法测得 $Z_{串}$ 与 $Z_{并}$ 的阻抗频率特性 $Z-f$，根据电压、电流的相位差可判断 $Z_{串}$ 或 $Z_{并}$ 是感性还是容性负载。

元件的阻抗角(即相位差 φ)随输入信号的频率变化而改变，将各个不同频率下的相位差画在以频率 f 为横坐标、阻抗角 φ 为纵坐标的坐标纸上，并用光滑的曲线连接这些点，即得到阻抗角的频率特性曲线。

用双踪示波器测量阻抗角的方法如图 3-44 所示。从荧光屏上数得一个周期占 n 格，相位差占 m 格，则实际的相位差 φ(阻抗角)为

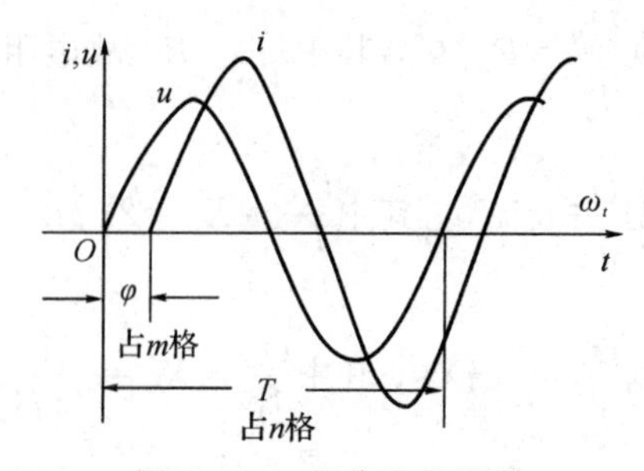

图 3-44　相位差的测量

$$\varphi=m\times\frac{360^{\circ}}{n}(度)$$

四、实验内容及步骤

1. 测量 R、L、C 元件的阻抗频率特性

(1) 将低频信号发生器输出的正弦信号接至图 3-43 所示电路作为激励源 u_S，其中 $r=30\ \Omega$，$R=1\ k\Omega$，$C=1\ \mu F$，$L=1\ H$。调节信号源输出电压幅值，并用交流毫伏表测量，使激励电压的有效值为 $U=3\ V$，并保持不变。

(2) 使信号源的输出频率从 200 Hz 逐渐增至 5 kHz(用频率计测量)，并使开关 S 分别接通 R、L、C 三个元件，用交流毫伏表测量 U_r、U_R、U_C、U_L，将实验数据记入表 3-38 中，计算各频率点时的 I_R、I_L 和 I_C(即 U_r/r)以及 $R=U_R/I_R$、$X_L=U_L/I_L$ 及 $X_C=U_C/I_C$ 之值，并绘制阻抗频率特性 $R-f$、X_L-f、X_C-f 曲线。

表 3-38　R、L、C 元件的阻抗频率特性实验数据

实验数据 \ 信号源输出频率/Hz		200	300	500	1 k	2 k	5 k
R	U_r(V)						
	$I_R=U_r/r$ (mA)						
	U_R(V)						
	$R=U_R/I_R$(kΩ)						
L	U_r(V)						
	$I_L=U_r/r$ (mA)						
	U_L(V)						
	$X_L=U_L/I_L$(kΩ)						
C	U_r(V)						
	$I_C=U_r/r$ (mA)						
	U_C(V)						
	$X_C=U_C/I_C$(kΩ)						

注意：在接通 C 测试时，信号源的频率应控制在 200～2500 Hz 之间。

2. 不同电路元件的阻抗角的测定

电路如图 3-43 所示，信号源正弦波输出电压有效值U=3 V，输出频率 f=5 kHz，电路依次接成 $R-r$、$L-r$、$C-r$ 串联，用双踪示波器“Y 轴输出”CH1 观察输出电压波形，CH2 观察电阻 r 两端电压波形(即电流波形)。按照图 3-44 所示的方法算出 φ。

五、实验注意事项

(1) 交流毫伏表属于高阻抗电表，测量前必须先调零。

(2) 测 φ 时，示波器的“V/div”和“t/div”的微调旋钮应旋至“校准”位置。

六、实验报告

(1) 根据实验数据，在方格纸上绘制 R、L、C 三个元件的阻抗频率特性曲线，并总结、归纳出结论。

(2) 根据实验数据，在方格纸上绘制 R、L、C 三个元件串联的阻抗角频率特性曲线，并总结、归纳出结论。

(3) 总结实验收获与体会。

七、思考题

(1) 测量 R、L、C 各个元件的阻抗角时，为什么要与它们串联一个小电阻？可否用一个小电感或大电容代替？为什么？

(2) 如何使用交流毫伏表测量电阻 R、感抗 X_L 和容抗 X_C？它们的大小和频率有何关系？

3.16　RLC 串联谐振电路研究

一、实验目的

(1) 学习用实验方法绘制 R、L、C 串联电路的幅频特性曲线。

(2) 深入理解电路发生谐振的条件、特点，掌握电路品质因数(Q 值)的物理意义及其测定方法。

二、实验仪器与设备

序　号	名　称	型号与规格	数　量	备　注
1	低频函数信号发生器		1	
2	交流电压表	0～500 V	1	
3	双踪示波器		1	
4	频率计		1	
5	谐振电路实验电路板	$R=200\ \Omega$，$1\ k\Omega$； $C=0.01\ \mu F$，$0.1\ \mu F$； $L\approx 30\ mH$		

三、原理说明

在图 3-45 所示的 RLC 串联电路中，当正弦交流信号源 u_i 的频率 f 改变时，电路中的感抗、容抗随之而变，电路中的电流也随 f 而变。取电阻 R 上的电压 U_o 作为响应，当输入电压 U_i 的幅值维持不变时，在不同频率的信号激励下，测出 U_o 之值，然后以 f 为横坐标，以 U_o/U_i 为纵坐标(因 U_i 不变，故也可直接以 U_o 为纵坐标)绘出光滑的曲线，此即幅频特性曲线，亦称谐振曲线，如图 3-46 所示。

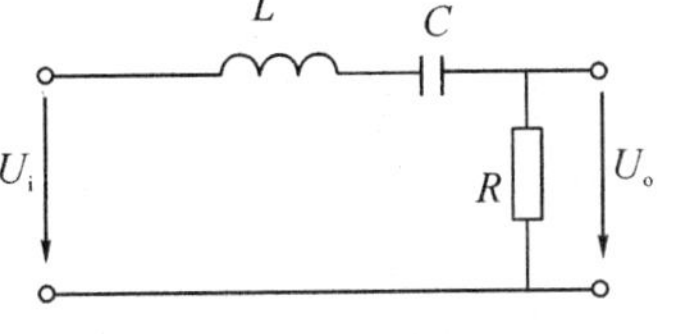

图 3-45　RLC 串联谐振电路

在 $f=f_0=\dfrac{1}{2\pi\sqrt{LC}}$ 处，即幅频特性曲线尖峰所在的频率点称为谐振频率。此时 $X_L=X_C$，电路呈纯阻性，电路阻抗的模为最小。在输入电压U_i为定值时，电路中的电流达到最大值，且与输入电压U_i同相位。从理论上讲，此时$U_i=U_R=U_o$，$U_L=U_C=QU_i$，式中的Q称为电路的品质因数。

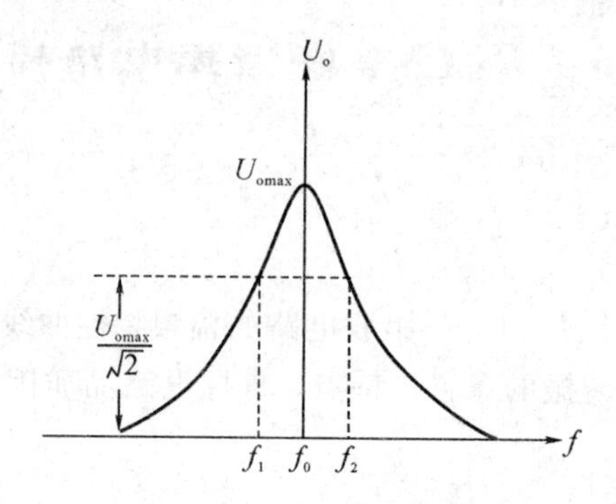

图 3-46 幅频特性曲线

电路品质因数Q值有两种测量方法。方法一是根据公式$Q=\frac{U_L}{U_o}=\frac{U_C}{U_o}$测定，$U_C$与$U_L$分别为谐振时电容器$C$和电感线圈$L$上的电压；方法二是通过测量谐振曲线的通频带宽度$\Delta f=f_2-f_1$，再根据$Q=\frac{f_0}{f_2-f_1}$求出$Q$值。式中$f_0$为谐振频率，$f_2$和$f_1$是失谐时，亦即输出电压的幅度下降到最大值的$1/\sqrt{2}$(=0.707)倍时的上、下频率点。

Q值越大，曲线越尖锐，通频带越窄，电路的选择性越好。在恒压源供电时，电路的品质因数、选择性与通频带只决定于电路本身的参数，而与信号源无关。

四、实验内容及步骤

(1) 按图 3-47 组成RLC串联谐振电路监视、测量电路。选$C=0.01\ \mu F$。用交流电压表测电压，用示波器监视信号源输出。令信号源输出电压$U_i=3$ V，并保持不变。

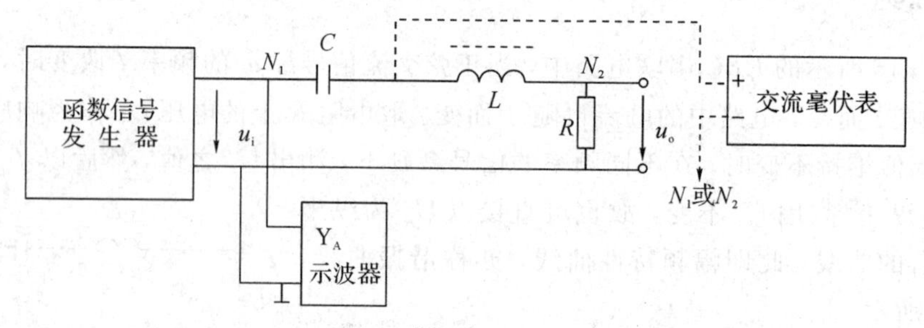

图 3-47

(2) 找出电路谐振频率f_0的方法是，将毫伏表接在R(200 Ω)两端，令信号源的频率由小逐渐变大(注意要维持信号源的输出幅度不变)，当U_o的读数为最大时，调节信号源的输

出电压为 $U_i=2$ V(有效值)，此时电路获得最大输出电压 U_{omax}，读得频率计上的频率值即为电路的谐振频率 f_0，并测量 U_C 与 U_L 之值(注意及时更换毫伏表的量限)。

(3) 在谐振点两侧，按频率递增或递减 500 Hz 或 1 kHz，依次各取 8 个测量点，逐点测出 U_o、U_L、U_C 之值，记入表 3-39，计算通频带宽度($\Delta f=f_2-f_1$)及 Q 值，并绘制出不同 Q 值时三条幅频特性曲线，即 $U_o=f(f)$，$U_L=f(f)$，$U_R=f(f)$。

(4) 选 $C=0.01\ \mu$F，$R=1$ kΩ，重复步骤(2)、(3)的测量过程，将测试数据填入表 3-39。

表 3-39　*RLC* 串联谐振电路测试数据(1)

测试条件	实验数据															
$C=0.01\ \mu$F $R=200\ \Omega$	f/kHz															
	U_o/V															
	U_L/V															
	U_C/V															
	$f_o=$　　　，$f_2-f_1=$　　　，$Q=$															
$C=0.01\ \mu$F $R=1$ kΩ	f/kHz															
	U_o/V															
	U_L/V															
	U_C/V															
	$f_o=$　　　，$f_2-f_1=$　　　，$Q=$															

(5) 选 $C=0.1\ \mu$F，$R=200\ \Omega$ 及 $C=0.1\ \mu$F，$R=1$ kΩ，重复步骤(2)、(3)，将测试数据填入表 3-40。

表 3-40　*RLC* 串联谐振电路测试数据(2)

测试条件	实验数据															
$C=0.1\ \mu$F $R=200\ \Omega$	f/kHz															
	U_o/V															
	U_L/V															
	U_C/V															
	$f_o=$　　　，$f_2-f_1=$　　　，$Q=$															

续表

测试条件	实验数据															
$C=0.1\ \mu F$ $R=1\ k\Omega$	f/kHz															
	U_o/V															
	U_L/V															
	U_C/V															
	$f_o=$ ，$f_2-f_1=$ ，$Q=$															

五、实验注意事项

(1) 测试频率点的选择应在靠近谐振频率附近多取几点。在变换频率测试前，应调整信号输出幅度(用示波器监视输出幅度)，使其维持在 3 V。

(2) 测量 U_C 和 U_L 数值前，应将毫伏表的量限调大，而且在测量 U_L 与 U_C 时毫伏表的“+”端接 C 与 L 的公共点，其接地端分别触及 L 和 C 的近地端 N_2 和 N_1。

(3) 实验中，信号源的外壳应与毫伏表的外壳绝缘(不共地)。如能用浮地式交流毫伏表测量，则效果更佳。

六、实验报告

(1) 根据测量数据，绘出不同 Q 值时三条幅频特性曲线，即

$$U_o=f(f),\ U_L=f(f),\ U_C=f(f)$$

(2) 计算出通频带与 Q 值，说明不同 R 值对电路通频带与品质因数的影响。

(3) 对两种不同的测 Q 值的方法进行比较，分析误差原因。

(4) 谐振时，比较输出电压 U_o 与输入电压 U_i 是否相等？试分析原因。

(5) 通过本次实验，总结、归纳串联谐振电路的特性。

七、思考题

(1) 根据实验线路板给出的元件参数值，估算电路的谐振频率。

(2) 改变电路的哪些参数可以使电路发生谐振？电路中 R 的数值是否影响谐振频率值？

(3) 如何判别电路是否发生谐振？测试谐振点的方案有哪些？

(4) 电路发生串联谐振时，为什么输入电压不能太大？如果信号源给出 3 V 的电压，电路谐振时，用交流毫伏表测 U_L 和 U_C，应该选择用多大的量限？

(5) 要提高 RLC 串联电路的品质因数，电路参数应如何改变？

(6) 本实验在谐振时，对应的 U_L 与 U_C 是否相等？如有差异，原因何在？

3.17　互感电路的研究

一、实验目的

(1) 学会互感电路同名端的判定方法以及互感系数、耦合系数的测定方法。

(2) 理解两个线圈相对位置的改变，以及用不同材料作线圈芯时对互感的影响。

二、实验仪器与设备

序　号	名　　称	型号与规格	数　量	备　注
1	数字直流电压表	0～200 V	1	
2	数字直流电流表	0～200 mA	2	
3	交流电压表	0～500 V	1	
4	交流电流表	0～5 A	1	
5	空芯互感线圈	N_1为大线圈，N_2为小线圈	1 对	
6	自耦调压器		1	
7	直流稳压电源	0～30 V	1	
8	电阻器	30 Ω/8 W，510 Ω/1 W	各 1	
9	发光二极管	红或绿	1	
10	粗、细铁棒及铝棒		各 1	
11	变压器	36 V/220 V	1	

三、原理说明

1. 判定互感线圈同名端的方法

1) 直流法

如图 3－48 所示，当开关 S 闭合瞬间，若毫安表的指针正偏，则可断定“1”、“3”为同名端；若毫安表的指针反偏，则可判定“1”、“4”为同名端。

2）交流法

如图 3-49 所示，将两个绕组 N_1 和 N_2 的任意两端(如“2”、“4”端)连在一起，在其中的一个绕组(如 N_1)两端加一个低电压，另一绕组(如 N_2)开路，用交流电压表分别测出端电压 u_{13}、u_{12} 和 u_{34}。若 u_{13} 是两个绕组端电压之差，则“1”、“3”是同名端；若 u_{13} 是两个绕组端电压之和，则“1”、“4”是同名端。

2. 两线圈互感系数 *M* 的测定

在图 3-49 的 N_1 侧施加低压交流电压 u_1，测出 i_1 及 u_2。根据互感电势 $E_{2M} \approx U_{20} = \omega M I_1$，可算得互感系数为 $M = \frac{U_2}{\omega I_1}$。

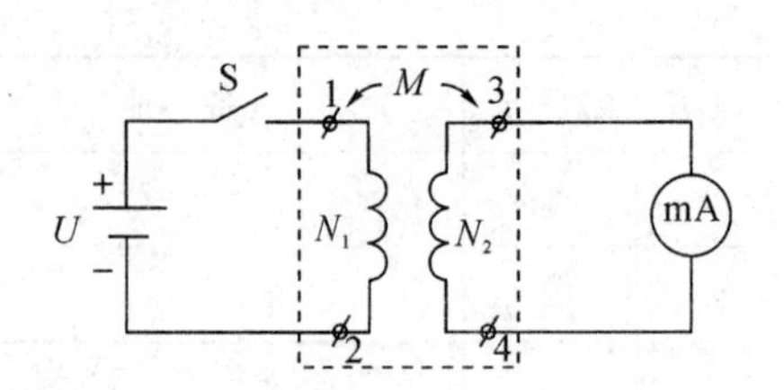

图 3-48　直流法判定同名端

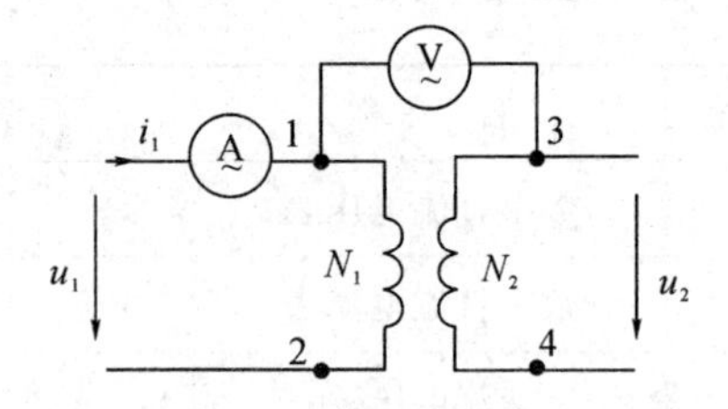

图 3-49　交流法判定同名端

3. 耦合系数 *k* 的测定

两个互感线圈耦合的松紧程度可用耦合系数 k 来表示：

$$k = \frac{M}{\sqrt{L_1 L_2}}$$

如图 3-49 所示，先在 N_1 侧加低压交流电压 u_1，测出 N_2 侧开路时的电流 i_1；然后再在 N_2 侧加电压 u_2，测出 N_1 侧开路时的电流 i_2，求出各自的自感 L_1 和 L_2，即可算得 k 值。

四、实验内容及步骤

1. 分别用直流法和交流法判定互感线圈的同名端

1）直流法

实验线路如图 3-50 所示。先将 N_1 和 N_2 两线圈的四个接线端子编以 1、2 和 3、4 号。将 N_1、N_2 同心地套在一起，并放入细铁棒。U 为可调直流稳压电源，调至 10 V。流过 N_1 侧的电流不可超过 0.4 A(选用 5 A 量程的数字电流表)。N_2 侧直接接入 2 mA 量程的毫安表。将铁棒迅速地拔出和插入，观察毫安表读数正、负的变化，来判定 N_1 和 N_2 两个线圈的同名端。

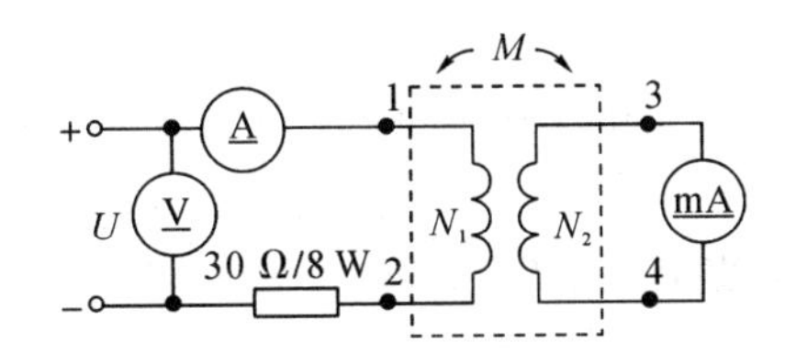

图 3-50　直流法判定同名端实验电路

2）交流法

本方法中，由于加在 N_1 上的电压仅 2 V 左右，直接用屏内调压器很难调节，因此采用图 3-51 的线路来扩展调压器的调节范围。图中 W、N 为主屏上的自耦调压器的输出端，B 为 SYDG04 挂箱中的升压铁芯变压器，此处作降压用。将 N_2 放入 N_1 中，并在两线圈中插入铁棒。Ⓐ为 2.5 A 以上量程的电流表，N_2 侧开路。

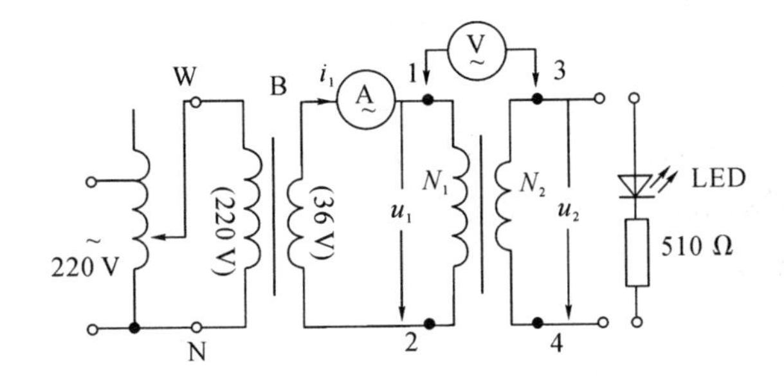

图 3-51　交流法判定同名端实验电路

接通电源前，应首先检查自耦调压器是否调至零位，确认后方可接通交流电源，令自耦调压器输出一个很低的电压(约 12 V)，使流过电流表的电流小于 1.4 A，然后用0～30 V 量程的交流电压表测量 u_{13}、u_{12}、u_{34}，判定同名端。

拆去 2、4 连线，并将 2、3 相接，重复上述步骤，判定同名端。

2. 互感系数及耦合系数测定

(1) 拆除 2、3 连线，测 u_1、i_1、u_2，计算出 M。

(2) 将低压交流电压加在 N_2 侧，使流过 N_2 侧电流小于 1 A，N_1 侧开路，按步骤(1)测出 u_2、i_2、u_1。

(3) 用万用表的 $R\times1$ 挡分别测出 N_1 和 N_2 线圈的电阻值 R_1 和 R_2，计算 k 值。

3. 观察互感现象

在图 3-51 的 N_2 侧接入 LED 发光二极管与 510 Ω 电阻串联的支路。

(1) 将铁棒慢慢地从两线圈中抽出和插入，观察 LED 亮度的变化及各电表读数的变化，记录现象。

（2）将两线圈改为并排放置，并改变其间距，分别或同时插入铁棒，观察 LED 亮度的变化及仪表读数。

（3）改用铝棒替代铁棒，重复步骤（1）、（2），观察 LED 亮度的变化，记录现象。

五、实验注意事项

（1）整个实验过程中，流过线圈 N_1 的电流不得超过 1.4 A，流过线圈 N_2 的电流不得超过 1 A。

（2）测定同名端及其他数据的实验中，都应将小线圈 N_2 套在大线圈 N_1 中，并插入铁芯。

（3）做交流实验前，首先要检查自耦调压器，要保证手柄置在零位。因实验时加在 N_1 上的电压只有 2～3 V 左右，因此调节时要特别仔细、小心，要随时观察电流表的读数，不得超过规定值。

六、实验报告

（1）总结对互感线圈同名端、互感系数的实验测试方法。

（2）自拟测试数据表格，完成计算任务。

（3）解释实验中观察到的互感现象。

（4）总结实验收获与体会。

七、思考题

（1）用直流法判断同名端时，可否根据 S 断开瞬间毫安表指针的正、反偏来判断同名端？

（2）本实验用直流法判断同名端是用插、拔铁芯时观察电流表的正、负读数变化来实现的（具体应如何操作？），这与实验原理中所叙述的方法是否一致？

3.18　单相铁芯变压器特性的测试

一、实验目的

(1) 通过测量，计算变压器的各项参数。

(2) 学会测绘变压器的空载特性与外特性。

二、实验仪器与设备

序　号	名　　称	型号与规格	数　量	备　注
1	交流电压表	0～500 V	2	
2	交流电流表	0～5 A	1	
3	单相功率表		1	自备
4	变压器	220 V/36 V　50 VA	1	
5	三相自耦调压器		1	
6	白炽灯	220 V，15 W	5	

三、原理说明

1. 变压器参数测试

图 3 - 52 为测试变压器参数的电路。

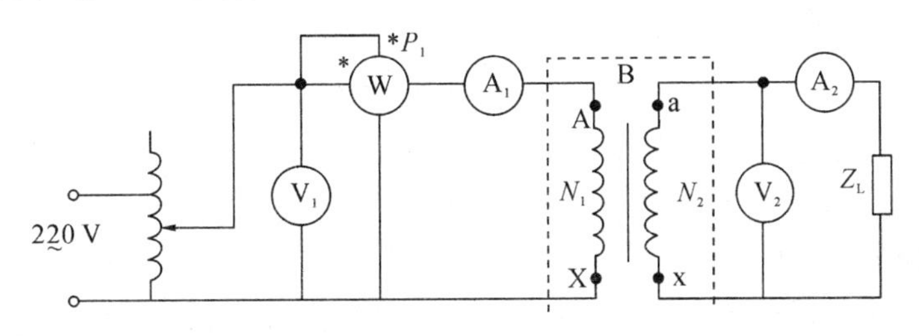

图 3 - 52　变压器参数测试电路

由各仪表读得变压器原边(AX，低压侧)的 U_1、I_1、P_1 及副边(ax，高压侧)的 U_2、I_2，

并用万用表 $R\times1$ 挡测出原、副绕组的电阻 R_1 和 R_2，即可算得变压器的以下各项参数值：

电压比 $K_U=\dfrac{U_1}{U_2}$　　电流比 $K_I=\dfrac{I_2}{I_1}$

原边阻抗 $Z_1=\dfrac{U_1}{I_1}$　　副边阻抗 $Z_2=\dfrac{U_2}{I_2}$

阻抗比$=\dfrac{Z_1}{Z_2}$　　负载功率 $P_2=U_2I_2\cos\phi_2$

损耗功率 $P_o=P_1-P_2$　　功率因数$=\dfrac{P_1}{U_1I_1}$

原边线圈铜耗 $P_{Cu1}=I_1^2R_1$　　副边线圈铜耗 $P_{Cu2}=I_2^2R_2$

铁耗 $P_{Fe}=P_o-(P_{Cu1}+P_{Cu2})$

2. 变压器空载特性测试

铁芯变压器是一个非线性元件，铁芯中的磁感应强度 B 决定于外加电压的有效值 U。当副边开路(即空载)时，原边的励磁电流 I_{10} 与磁场强度 H 成正比。在变压器中，副边空载时，原边电压与电流的关系称为变压器的空载特性，这与铁芯的磁化曲线($B-H$ 曲线)是一致的。

空载实验通常是将高压侧开路，由低压侧通电进行测量，又因空载时功率因数很低，故测量功率时应采用低功率因数瓦特表。此外因变压器空载时阻抗很大，故电压表应接在电流表外侧。

3. 变压器外特性测试

为了满足三组灯泡负载额定电压为 220 V 的要求，以变压器的低压(36 V)绕组作为原边，220 V 的高压绕组作为副边，即当作一台升压变压器使用。

在保持原边电压 u_1(=36 V)不变时，逐次增加灯泡负载(每只灯为 15 W)，测定 u_1、u_2、i_1 和 i_2，即可绘出变压器的外特性，即负载特性曲线 $u_2=f(i_2)$。

四、实验内容及步骤

(1) 用交流法判别变压器绕组的同名端(参照实验 3.17)。

(2) 按图 3-52 线路接线。其中 A、X 为变压器的低压绕组，a、x 为变压器的高压绕组。电源经屏内调压器接至低压绕组，高压绕组 220 V 接 Z_L 即 15 W 的灯组负载(3 只灯泡并联)，经指导教师检查后方可进行实验。

(3) 将调压器手柄置于输出电压为零的位置(逆时针旋到底)，合上电源开关，并调节调压器，使其输出电压为 36 V。令负载开路及逐次增加负载(最多亮 5 个灯泡)，分别记下 5 个仪表的读数，记入自拟的数据表格，绘制变压器外特性曲线。实验完毕将调压器调回零位，断开电源。

当负载为 4 个及 5 个灯泡时，变压器已处于超载运行状态，很容易烧坏。因此，测试和记录应尽量快，总共不应超过 3 分钟。实验时，可先将 5 只灯泡并联安装好，断开控制每个灯泡的相应开关，通电且电压调至规定值后，再逐一打开各个灯的开关，并记录仪表读数。待开 5 灯的数据记录完毕后，立即用相应的开关断开各灯。

(4) 将高压侧(副边)开路，确认调压器处在零位后，合上电源，调节调压器输出电压，使 u_1 从零逐次上升到 1.2 倍的额定电压(1.2×36 V)，分别记下各次测得的 u_1、u_{20} 和 i_{10} 数据，记入自拟的数据表格，用 u_1 和 i_{10} 绘制变压器的空载特性曲线。

五、实验注意事项

(1) 本实验是将变压器作为升压变压器使用，并通过调节调压器提供原边电压 u_1，故使用调压器时应首先调至零位，然后才可合上电源。此外，必须用电压表监视调压器的输出电压，防止被测变压器输出过高电压而损坏实验设备，且要注意安全，以防高压触电。

(2) 由负载实验转到空载实验时，要注意及时变更仪表量程。

(3) 遇异常情况，应立即断开电源，待处理好故障后，再继续实验。

六、实验报告

(1) 根据实验内容，自拟数据表格，绘出变压器的外特性和空载特性曲线。

(2) 根据额定负载时测得的数据计算变压器的各项参数。

(3) 计算变压器的电压调整率 $\Delta u\%=\dfrac{u_{20}-u_{2N}}{u_{20}}\times 100\%$。

(4) 总结实验收获与体会。

七、思考题

(1) 为什么本实验将低压绕组作为原边进行通电实验？此时，在实验过程中应注意什么问题？

(2) 为什么变压器的励磁参数一定是在空载实验加额定电压的情况下求出？

3.19 三相交流电路电压、电流的测量

一、实验目的

（1）掌握三相负载作星形连接、三角形连接的方法，验证这两种接法下线、相电压及线、相电流之间的关系。

（2）充分理解三相四线供电系统中中线的作用。

二、实验仪器与设备

序　号	名　称	型号与规格	数　量	备　注
1	交流电压表	0～500 V	1	
2	交流电流表	0～5 A	1	
3	万用表		1	自备
4	三相自耦调压器		1	
5	三相灯组负载	220 V，15 W 白炽灯	9	
6	电流插座		3	

三、原理说明

三相负载可接成星形（又称“Y”接）或三角形（又称“△”接）。

当三相对称负载作 Y 形连接时，线电压 U_L 是相电压 U_P 的 $\sqrt{3}$ 倍。线电流 I_L 等于相电流 I_P，即 $U_L=\sqrt{3}U_P$，$I_L=I_P$。在这种情况下，流过中线的电流 $I_0=0$，所以可以省去中线。

当三相对称负载作△形连接时，有 $I_L=\sqrt{3}I_P$，$U_L=U_P$。

不对称三相负载作 Y 形连接时，必须采用三相四线制接法，即 Y_0 接法。而且中线必须牢固连接，以保证三相不对称负载的每相电压维持对称不变。

倘若中线断开，会导致三相负载电压不对称，致使负载轻的那一相的相电压过高，使

负载遭受损坏；负载重的一相相电压又过低，使负载不能正常工作。尤其是对于三相照明负载，无条件地一律采用 Y_0 接法。

当不对称负载作△形连接时，$I_L \neq \sqrt{3} I_P$，但只要电源的线电压 U_L 对称，加在三相负载上的电压仍是对称的，对各相负载工作没有影响。

四、实验内容及步骤

1. 三相负载星形连接(三相四线制供电)

按图 3－53 连接实验电路，即三相灯组负载经三相自耦调压器接通三相对称电源。将三相调压器的旋柄置于输出为 0 V 的位置(即逆时针旋到底)。经指导教师检查合格后，方可开启实验台电源，然后调节调压器的输出，使输出的三相线电压为 220 V，并按下述内容完成各项实验，分别测量三相负载的线电压、相电压、线电流、相电流、中线电流、电源与负载中点间的电压。将所测得的数据记入表 3－41 中，并观察各相灯组亮暗的变化程度，特别要注意观察中线的作用。

表 3－41 三相负载星形连接测试数据

测量数据 / 实验内容(负载情况)	开灯盏数			线电流/A			线电压/V			相电压/V			中线电流 I_0/A	中点电压 U_{N0}/V
	A相	B相	C相	I_A	I_B	I_C	U_{AB}	U_{BC}	U_{CA}	U_{A0}	U_{B0}	U_{C0}		
Y_0 接平衡负载	3	3	3											
Y 接平衡负载	3	3	3											
Y_0 接不平衡负载	1	2	3											
Y 接不平衡负载	1	2	3											
Y_0 接 B 相断开	1		3											
Y 接 B 相断开	1		3											
Y 接 B 相短路	1		3											

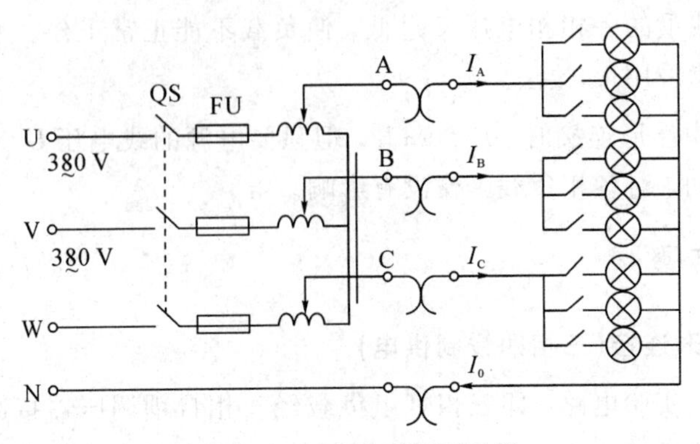

图 3-53　三相负载星形连接

2. 三相负载三角形连接(三相三线制供电)

按图 3-54 改接线路，经指导教师检查合格后接通三相电源，并调节调压器，使其输出线电压为 220 V，并按表 3-42 的内容进行测试。

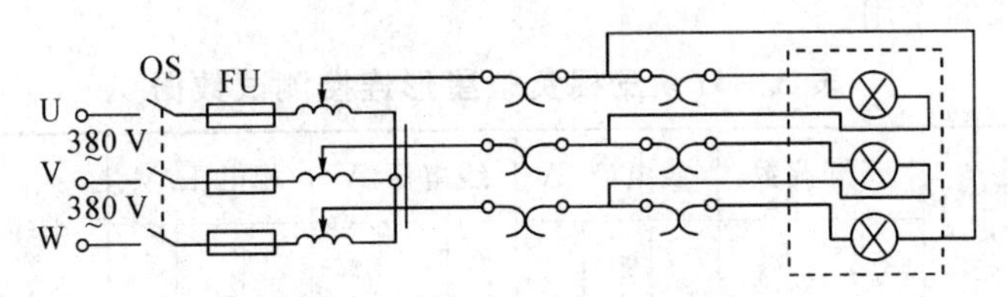

图 3-54　三相负载三角形连接

表 3-42　三相负载三角形连接测试数据

测量数据 / 负载情况	开灯盏数			线电压=相电压/V			线电流/A			相电流/A		
	A-B 相	B-C 相	C-A 相	U_{AB}	U_{BC}	U_{CA}	I_A	I_B	I_C	I_{AB}	I_{BC}	I_{CA}
三相平衡	3	3	3									
三相不平衡	1	2	3									

五、实验注意事项

(1) 本实验采用三相交流市电，线电压为 380 V，应穿绝缘鞋进实验室。实验时要注意人身安全，不可触及导电部件，防止意外事故发生。

(2) 每次接线完毕，同组同学应自查一遍，然后由指导教师检查后，方可接通电源。必须严格遵守先断电、再接线、后通电；先断电、后拆线的实验操作原则。

(3) 星形负载做短路实验时，必须首先断开中线，以免发生短路事故。

(4) 为避免烧坏灯泡，在做 Y 接不平衡负载或缺相实验时，所加线电压应以最高相电压不超过 230 V 为宜。

六、实验报告

(1) 用实验测得的数据验证对称三相电路中的$\sqrt{3}$关系。

(2) 用实验数据和观察到的现象总结三相四线供电系统中中线的作用。

(3) 不对称三角形连接的负载能否正常工作？实验是否能证明这一点？

(4) 根据不对称负载三角形连接时的相电流值绘制相量图，并求出线电流值，然后与实验测得的线电流作比较并进行分析。

(5) 总结实验收获及体会。

七、思考题

(1) 三相负载根据什么条件决定采用星形或三角形连接？

(2) 复习三相交流电路有关内容，试分析三相星形连接不对称负载在无中线情况下，当某相负载开路或短路时会出现什么情况？如果接上中线，情况又如何？

(3) 本次实验中为什么要通过三相调压器将 380 V 的市电线电压降为 220 V 的线电压使用？

3.20 三相电路功率的测量

一、实验目的

(1) 掌握用一瓦特表法、二瓦特表法测量三相电路有功功率与无功功率的方法。

(2) 进一步熟练掌握功率表的接线和使用方法。

二、实验仪器与设备

序　号	名　称	型号与规格	数　量	备　注
1	交流电压表	0～500 V	2	
2	交流电流表	0～5 A	2	
3	单相功率表		1	自备
4	万用表		1	自备
5	三相自耦调压器		1	
6	三相灯组负载	220 V、15 W 白炽灯	9	
7	三相电容负载	1 μF、2.2 μF、4.7 μF/ 400 V	各 3	

三、原理说明

对于三相四线制供电的三相星形连接的负载(即 Y_0 接法)，可用一只功率表测量各相的有功功率 P_A、P_B、P_C，则三相负载的总有功功率 $\sum P=P_A+P_B+P_C$。这就是一瓦特表法，如图3－55所示。若三相负载是对称的，则只需测量一相的功率，再乘以 3 即得三相总的有功功率。

三相三线制供电系统中，不论三相负载是否对称，也不论负载是 Y 接还是△接，都可用二瓦特表法测量三相负载的总有功功率。测量线路如图 3－56 所示。当负载为感性或容性，且相位差 $\varphi>60°$时，线路中的一只功率表指针将反偏(数字式功率表将出现负读数)，这时应将功率表电流线圈的两个端子调换(不能调换电压线圈端子)，其读数应记为负值。而三相总功率 $\sum P=P_1+P_2$(P_1、P_2本身不含任何意义)。

除图 3－56 的 I_A、U_{AC}与 I_B、U_{BC}接法外，还有 I_B、U_{AB}与 I_C、U_{AC}以及 I_A、U_{AB}与 I_C、

U_{BC}两种接法。

对于三相三线制供电的三相对称负载，可用一瓦特表法测得三相负载的总无功功率 Q，测试原理线路如图 3-57 所示。

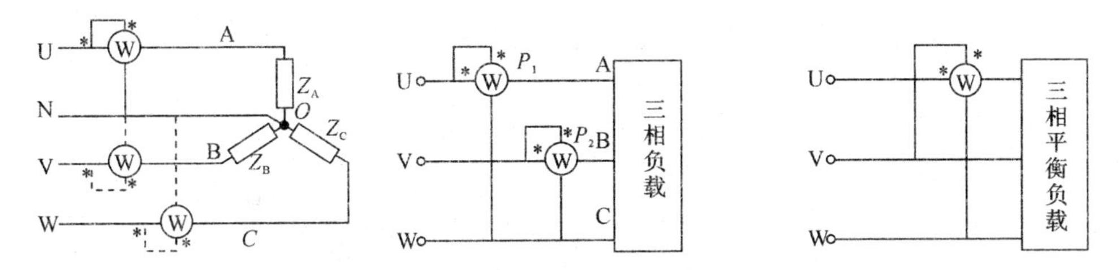

3—55　一瓦特表法测功率图 3-56　二瓦特表法测功率　3-57　一瓦特表测三相电路无功功率

图示功率表读数的$\sqrt{3}$倍即为对称三相电路总的无功功率。除了此图给出的一种连接法（I_U、U_{VW}）外，还有另外两种连接法，即接成（I_V、U_{UW}）或（I_W、U_{UV}）。

四、实验内容及步骤

1. 用一瓦特表法测定三相对称 Y_0接以及不对称 Y_0接负载的总功率

实验按图 3-58 线路接线。线路中的电流表和电压表用以监视该相的电流和电压，不要超过功率表电压和电流的量程。

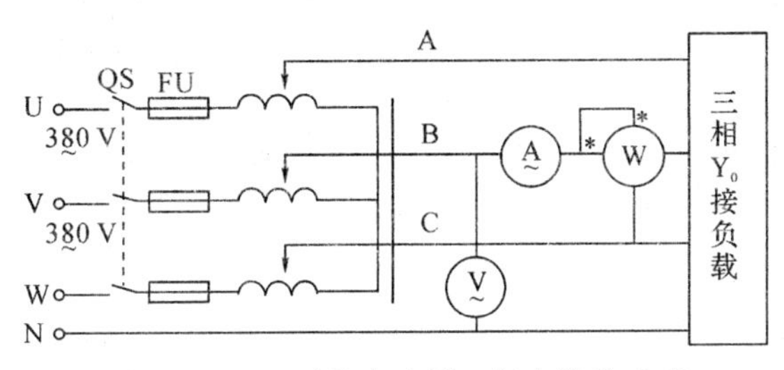

图 3-58　一瓦特表法测三相电路总功率

经指导教师检查后，接通三相电源，调节调压器输出，使输出线电压为 220 V，按表 3-43的要求进行测量及计算。

表 3-43　一表法测三相负载有功功率测试数据

负载情况 ＼ 测量数据	开灯盏数			测量数据			计算值
	A 相	B 相	C 相	P_A/W	P_B/W	P_C/W	ΣP/W
Y_0接对称负载	3	3	3				
Y_0接不对称负载	1	2	3				

首先将三只表按图 3－58 接入 B 相进行测量，然后分别将三只表换接到 A 相和 C 相，再进行测量。

2. 用二瓦特表法测定三相负载的总功率

（1）按图 3－59 接线，将三相灯组负载接成 Y 形接法。

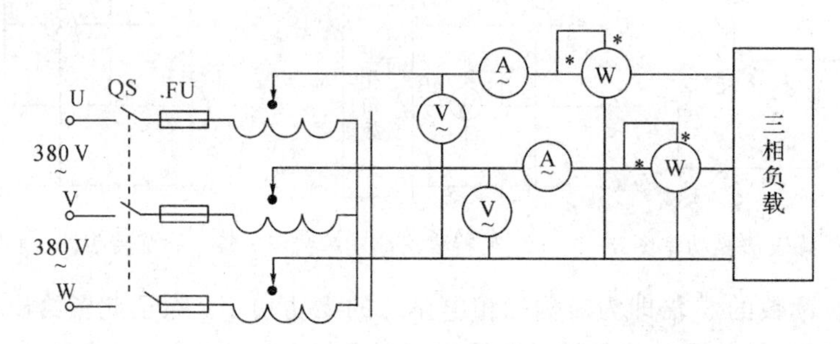

图 3－59　二瓦特表法测三相电路总功率

经指导教师检查后，接通三相电源，调节调压器的输出线电压为 220 V，按表 3－44 的内容进行测量。

（2）将三相灯组负载改成△形接法，重复(1)的测量步骤，数据记入表 3－44 中。

表 3－44　二表法测三相负载有功功率测试数据

测量数据 / 负载情况	开灯盏数			测量数据		计算值
	A 相	B 相	C 相	P_1/W	P_2/W	ΣP/W
Y 接平衡负载	3	3	3			
Y 接不平衡负载	1	2	3			
△接不平衡负载	1	2	3			
△接平衡负载	3	3	3			

（3）将两只瓦特表依次按另外两种接法接入线路，重复(1)、(2)的测量。（表格自拟）

3. 用一瓦特表法测定三相对称星形负载的无功功率

（1）按图 3－60 所示电路接线。每相负载由白炽灯和电容器并联而成，并由开关控制其接入。检查接线无误后，接通三相电源，将调压器的输出线电压调到 220 V，读取三表的读数，并计算无功功率 $\sum Q$，记入表 3－45。

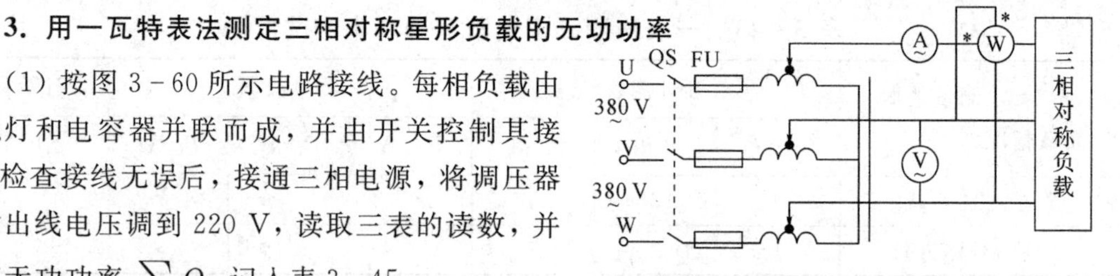

图 3－60　一瓦特表法测三相电路无功功率

(2) 分别按 I_V、U_{UW} 和 I_W、U_{UV} 接法，重复(1)的测量，并比较各自的 $\sum Q$ 值。

表 3-45　一表法测三相负载无功功率测试数据

接法	负载情况	测量值			计算值
		U/V	I/A	Q/var	$\Sigma Q=\sqrt{3}Q$
I_U，U_{VW}	(1) 三相对称灯组(每相开 3 盏)				
	(2) 三相对称电容器(每相 4.7 μF)				
	(3) (1)、(2)的并联负载				
I_V，U_{VW}	(1) 三相对称灯组(每相开 3 盏)				
	(2) 三相对称电容器(每相 4.7 μF)				
	(3) (1)、(2)的并联负载				
I_W，U_{VW}	(1) 三相对称灯组(每相开 3 盏)				
	(2) 三相对称电容器(每相 4.7 μF)				
	(3) (1)、(2)的并联负载				

五、实验注意事项

每次实验完毕，均需将三相调压器旋柄调回零位。每次改变接线，均需断开三相电源，以确保人身安全。

六、实验报告

(1) 完成数据表格中的各项测量和计算任务。比较一瓦特表和二瓦特表法的测量结果。

(2) 总结、分析三相电路功率测量的方法与结果。

(3) 总结实验收获与体会。

七、思考题

(1) 复习二瓦特表法测量三相电路有功功率的原理。

(2) 复习一瓦特表法测量三相对称负载无功功率的原理。

(3) 测量功率时为什么在线路中通常都接有电流表和电压表？

3.21 三相异步电动机的点动、连续控制

一、实验目的

(1) 了解交流接触器、热继电器和按钮的结构及其在控制电路中的应用。

(2) 学习异步电动机基本控制电路的连接。

(3) 学习按钮、熔断器、热继电器的使用方法。

(4) 了解点动与连续控制的主要区别。

二、实验仪器与设备

序　号	名　称	型号与规格	数　量	备　注
1	三相电源			
2	三相异步电动机		1	
3	继电器-接触器		1	自备
4	按钮		1	自备
5	接线		若干	

三、原理说明

继电器-接触器控制大量应用于电动机的启动、停止、正反转、调速、制动等控制，从而使生产机械按规定的要求动作；同时，也能对电动机和生产机械进行保护。

图 3 - 61 是异步电动机直接启动的控制电路。图 3 - 61(a)是点动控制线路，手松开按钮后电动机即停止工作。电路不能自锁。图 3 - 61(b)是连续控制线路，按下按钮后，线圈得电，主触点、辅助触点都闭合，电动机保持运转，控制电路实现自锁。

四、实验内容及步骤

(1) 在实验台上找到继电器-接触器等，了解其结构及动作原理。按图 3 - 61 进行接线。

(2) 按图 3 - 61(a)异步电动机启动线路连接，经老师检查允许后再送电(电动机暂不接入)。

(3) 将图 3 - 61(a)的控制电路改接为图 3 - 61(b)，即控制电路具有自锁功能。

(4) 通过点动、连续控制接线实验，观察实验现象，了解两种接线的不同工作状况及自锁区别。

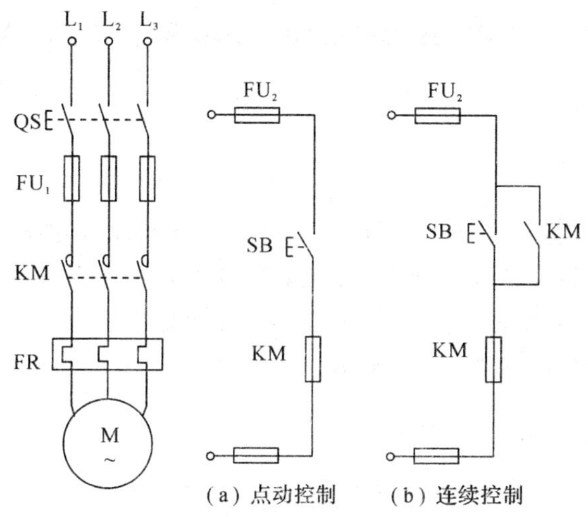

图 3-61　三相异步电动机点动、连续控制线路

五、实验注意事项

(1) 接线时合理安排布线，保持走线美观，接线要求牢靠、整齐、清楚、安全可靠。

(2) 操作时要胆大、心细、谨慎，不许用手触及各电器元件的导电部分及电动机的转动部分，以免触电及意外损伤。

(3) 只有在断电的情况下，方可用万用电表 Ω 挡来检查线路的接线正确与否。

(4) 在观察电器动作情况时，绝对不能用手触摸元器件。

(5) 在主线路接线时一定要注意各相之间的连线不能弄混淆，不然会导致相间短路。

六、实验报告

(1) 记录实验中所用异步电动机的铭牌数据。

(2) 写出图 3-61 实现短路保护、过载保护和零压保护的器件名称及作用。

(3) 画出自行设计的既能实现点动又能实现单向连续运转的控制电路图，并简述工作原理。

(4) 总结实验收获与体会。

七、思考题

(1) 衡量三相异步电动机启动特性的主要技术指标有哪些？

(2) 电路中自锁点起什么作用？

(3) 实验所用接触器是直流接触器还是交流接触器？接触器的工作电压是多少？

3.22 三相异步电动机的正、反转控制

一、实验目的

(1) 进一步学习和掌握接触器、继电器以及其他控制元器件的结构、工作原理和使用方法。

(2) 通过对三相鼠笼式异步电动机正、反转控制线路的实际安装接线，掌握由电气原理图变换成安装接线图的知识，进一步提高学生的动手操作能力。

(3) 通过实验加深理解互锁控制的特点。

二、实验仪器与设备

序　号	名　称	型号与规格	数　量	备　注
1	三相电源			
2	三相异步电动机		1	
3	交流接触器		2	自备
4	按钮		1	自备
5	接线		若干	
6	热继电器		1	
7	熔断器		1	
8	万用表		1	

三、原理说明

生产过程中，经常需要改变电动机的旋转方向，如车床工作台的前进和后退。由电动机原理可知，如果旋转磁场反转，则转子的转向也随之改变，要改变三相异步电动机转动的方向，只需要将电动机接到电源的三根电源线中的任意两根对调，改变通过电动机的三相电流的相序即可。在控制电路中，用两个接触器就能实现这一功能，如图 3-62 所示。

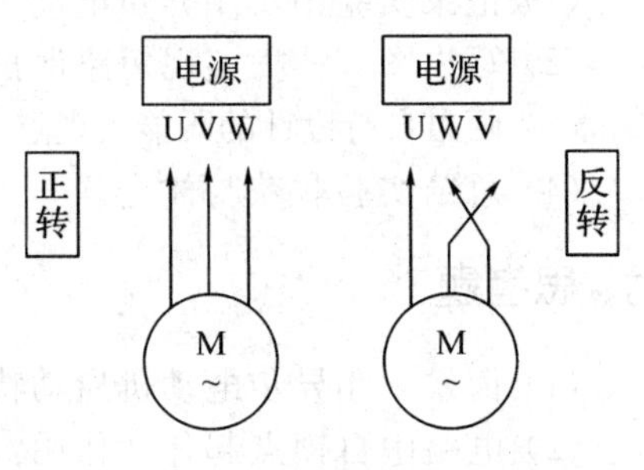

图 3-62　电机正、反转的原理

依据此原理，可得到实现异步电动机正、反转控制的电路原理图，其主回路以及控制回路如图 3－63 所示。

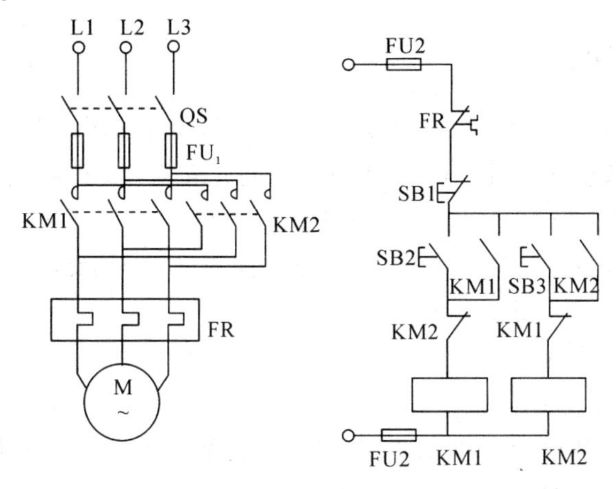

图 3－63　三相异步电动机正、反转基本控制电路

主回路中，若规定 KM1 接通后电动机的转动方向为正向，则 KM2 接通后电动机的转向即为反向，为避免电源短路，任何时候，KM1 和 KM2 的线圈不能同时通电。控制回路中，按下 SB2 启动按钮，则 KM1 得电并自锁，电动机开始正转。若要反转，先按下停止按钮 SB1，使 KM1 的动断辅助触点闭合，再按下 SB3，则 KM2 得电并自锁，电动机开始反转。此控制回路虽然能实现电动机的正、反转控制，但是在反转之前必须要先按停止按钮 SB1，因此比较麻烦。可以采用复合按钮，使控制过程更简单。

图 3－64 即为采用复合按钮来实现电机正、反转的控制回路。

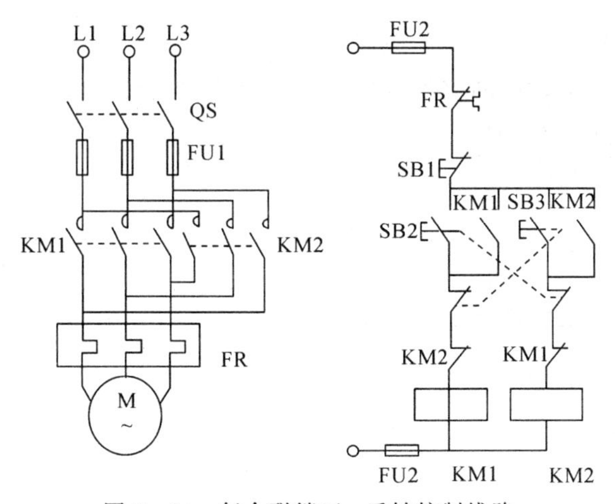

图 3－64　复合联锁正、反转控制线路

在 KM1 和 KM2 的线圈支路中各串联了一个对方接触器的动断触点，保证了两个接触器线圈任何时候不能同时得电，避免了电源短路。这种控制方式称为互锁(或联锁)控制。

四、实验内容及步骤

(1) 按图 3-64 接好线路，经指导教师检查无误，进行第(2)步。

(2) 开启电源，按启动按钮 SB2，对电动机进行正转操作，按停止按钮 SB1，待电机转速变慢时，观察电机的转动方向，然后按一下 SB3，几秒后再按停止按钮 SB1，待电机转速变慢时，再观察电机的转动方向，看是否与前次转动方向相反，若相反，说明此次接线正确。

(3) 实验完毕切断实验线路电源。

五、实验注意事项

(1) 接通电源后，按启动按钮 SB1(或 SB2)，接触器吸合，但电动机不转且发出“嗡嗡”声响，或电动机能启动但转速很慢，这种故障来自主回路，大多是一相断线或电源缺相。

(2) 接通电源后，按启动按钮 SB1(或 SB2)，若接触器通断频繁且发出连续的噼啪声，或吸合不牢，发出颤动声，此原因可能是：

① 线路接错，将接触器线圈与自身的动断触头串在一条回路上了。

② 自锁触头接触不良，时通时断。

③ 接触器铁芯上的短路环脱落或断裂。

④ 电源电压过低或与接触器线圈电压等级不匹配。

六、实验报告

(1) 说明热继电器的作用及工作原理。

(2) 根据实验所用电动机的铭牌数据，求其理想空载转速 n_0，并画出电动机正转及反转时的固有机械特性曲线(定性)。

(3) 总结实验收获与体会。

七、思考题

(1) 如果三相异步电动机的电源线断了一根会产生什么后果？

(2) 接触器的主要技术指标有哪些？

3.23　三相异步电动机的时间控制

一、实验目的

(1) 了解三相异步电动机延时启停控制电路的基本原理。

(2) 熟悉三相异步电动机延时启停控制电路的控制过程并掌握接线技能。

(3) 熟悉电气控制及采用线槽布线的布线工艺。

(4) 熟悉各控制元器件的工作原理及构造。

二、实验仪器与设备

序　号	名　称	型号与规格	数　量	备　注
1	三相电源			
2	三相异步电动机		1	
3	交流接触器		2	自备
4	按钮		1	自备
5	接线		若干	
6	时间继电器		2	
7	熔断器		1	
8	小型三相断路器		1	
9	中间继电器		2	
10	热过载继电器		1	
11	小型两相断路器		1	

三、原理说明

时间控制是指按照所需要的时间间隔来接通、断开或换接被控电路，以控制生产机械的各种动作。

在三相异步电动机延时启停控制线路中，通过时间继电器时间的设定来控制电动机启停的延时时间，实现延时启动、停止。

图 3-65 中 SB1 为电动机启动控制按钮，SB2 为电动机停止控制按钮，HL1、HL2 分别为电机延时启动、延时停止信号灯。时间继电器 KT1 用来控制电动机启动延时，KT2 控制电动机停止延时。当按下启动按钮 SB1 时，KA1 得电自锁，KT1 得电，按照设定的时间开始延时，当延时时间到，KT1 常开触点吸合，KM 得电吸合，其常开触点闭合，KM 自锁，电机启动。按下停止按钮 SB2，KA2 得电自锁，KT2 得电，按照设定的时间开始延时，当延时时间到，KT2 常闭触点断开，KA2 失电，KM 失电断开，电机停止运行。

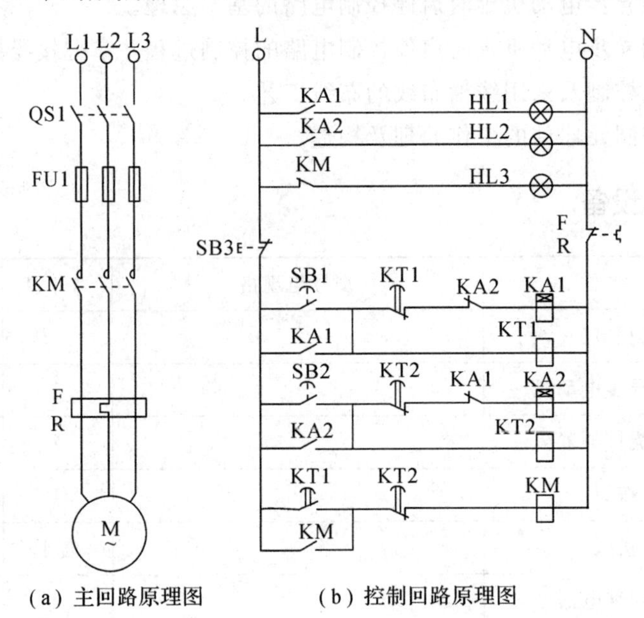

图 3-65　三相异步电动机延时启停控制电路参考原理图

四、实验内容及步骤

三相异步电动机延时启停控制主回路参考原理图如图 3-65(a)所示，三相异步电动机延时启停控制回路参考原理图如图 3-65(b)所示。

(1) 参考图 3-65 完成动力主回路及二次控制回路接线，经指导教师检查后，方可进行通电操作。

(2) 先合上电源控制屏上的电源总开关，并按下电源启动按钮。

(3) 合上小型断路器 QS1、QS2，启动主回路和控制回路的电源。

(4) 设置时间继电器的延时时间，KT1 设为 10 s，KT2 设为 20 s。

(5) 按下启动按钮 SB1，观察并记录电动机、接触器、时间继电器的运行状况。

(6) 按下停止按钮 SB2，观察并记录电动机、接触器、时间继电器的运行情况。

(7) 实验完毕，按下电源停止按钮，切断三相交流总电源，并拆除连线。

五、实验注意事项

(1) 接线时合理安排布线，保持走线美观，接线要求牢靠、整齐、清楚、安全可靠。

(2) 操作时要胆大、心细、谨慎，不许用手触及各电器元件的导电部分及电动机的转动部分，以免触电及意外损伤。

(3) 只有在断电的情况下，方可用万用电表 Ω 挡来检查线路的接线正确与否。

(4) 在观察电器动作情况时，绝对不能用手触摸元器件。

(5) 在主线路接线时一定要注意各相之间的连线不能混淆，否则会导致相间短路。

六、实验报告

(1) 说明时间继电器的作用及工作原理。

(2) 说明交流接触器和继电器的作用及工作范围。

(3) 总结实验收获与体会。

七、思考题

如果 KT1 时间继电器的延时触点和 KT2 时间继电器的延时触点互换，这种接法对电路有何影响？

3.24 三相异步电动机的顺序启停控制

一、实验目的

（1）了解两台电机手动顺序启停控制电路的基本原理。

（2）熟悉两台电机手动顺序启停控制电路的控制过程并掌握接线技能。

（3）熟悉电气控制及采用线槽布线的布线工艺。

二、实验仪器和设备

序 号	名 称	型号与规格	数 量	备 注
1	三相电源			
2	三相异步电动机		2	
3	交流接触器		2	自备
4	按钮		1	自备
5	接线		若干	
6	热继电器		2	
7	熔断器		3	
8	小型三相断路器		1	
9	小型两相断路器		1	

三、原理说明

双电机手动顺序启停控制电路的主回路参考原理图如图 3-66(a)所示。双电机手动顺序启停控制电路的控制回路参考原理图如图 3-66(b)所示。

在该电路中，在 KM2 线圈回路中串接了 KM1 的常开触点，使得只有在 KM1 线圈得电，也就是当电动机 M1 启动之后，电动机 M2 才可能启动；同时在控制电动机 M1 的停止按钮 SB3 的常闭触点两端并接了接触器 KM2 的常开辅助触点，因而保证了只有在电动机 M2 停止后，电动机 M1 才能停止，即顺序启动、逆序停止。

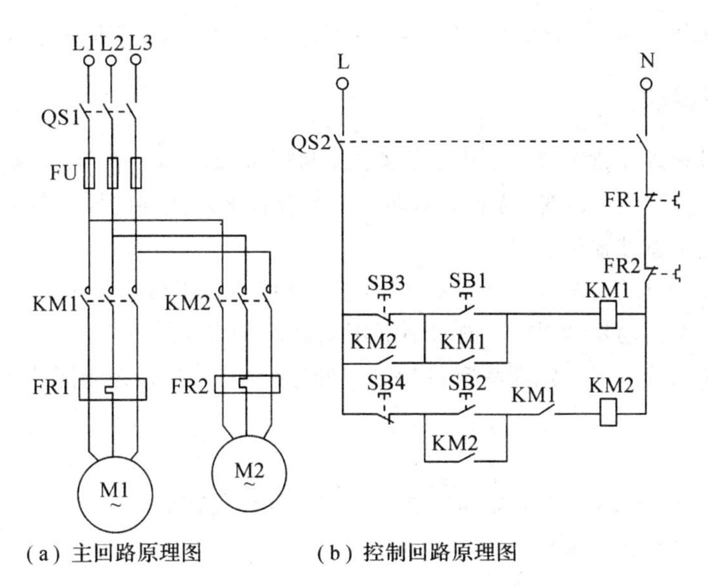

（a）主回路原理图　　（b）控制回路原理图

图 3－66　两台电机手动顺序启停控制电路参考原理图

四、实验内容及步骤

认识各电器的结构、图形符号、接线方法，抄录电动机及各电器铭牌数据，并用万用电表欧姆挡检查各电器线圈、触头是否完好。

三相鼠笼式异步电动机采用 Y 接法，动力主回路电源接小型三相断路器输出端 L1、L2、L3，供电线电压为 380 V，二次控制回路电源接小型两相断路器，L、N 供电电压为 220 V。

（1）参考图 3－66 接线，经指导老师检查后，方可进行通电实验。

（2）先合上电源控制屏上的电源总开关，并按下电源启动按钮。

（3）合上小型断路器 QS1、QS2，启动主回路和控制回路的电源。

（4）按下 SB1，接触器 KM1 得电，主电路中的常开主触头 KM1 接通，使电动机 M1 转动，运行约半分钟。

（5）按下 SB2，KM2 线圈得电，主电路的常开主触头 KM2 接通，电动机 M2 转动，运行约半分钟。

（6）按下按钮 SB4，使电动机 M2 停止转动。

（7）按下按钮 SB3，使电动机 M1 停止转动。

（8）电动机 M1、M2 均停止后，按下 SB2，观察电动机及交流接触器的工作情况。

（9）在电动机 M1、M2 均运行的状态下，按下 SB3，观察电动机及交流接触器的工作情况。

(10) 实验完毕，按下电源停止按钮，切断实验线路总电源并拆除连接导线。

五、实验注意事项

(1) 接线时合理安排布线，保持走线美观，接线要求牢靠、整齐、清楚、安全可靠。

(2) 操作时要胆大、心细、谨慎，不许用手触及各电器元件的导电部分及电动机的转动部分，以免触电及意外损伤。

(3) 只有在断电的情况下，方可用万用电表Ω挡来检查线路的接线正确与否。

(4) 在观察电器动作情况时，绝对不能用手触摸元器件。

(5) 在主线路接线时一定要注意各相之间的连线不能混淆，否则会导致相间短路。

六、实验报告

(1) 试说明KM2常开触点与SB3常闭按钮并联的作用。

(2) 总结实验收获与体会。

七、思考题

在接触器触头互锁的顺序控制电路中，指出控制电路中的哪一个触头是保证第一台电动机启动后，第二台电机才可以启动的触头？哪一个触头是保证第二台电动机停止后，第一台电动机才能停止的触头？

第 4 章　综合实验

电工学习的目的是为了更好地应用，电工实验课的学习更是如此。电工技术综合实验要求学生在教师的指导下，根据给定的实验目的，参考相关的实验原理，通过自行查阅资料来设计方案，选择实验器材，拟定实验步骤，观察和记录实验现象和数据，并研究和解决实验过程中出现的问题，得出实验结论，分析实验误差，写好实验报告。

实验从由证明性的实验拓展到专题性问题研究性实验，从按部就班拓展到自由设计电路，目的是使学生能通过自己的思考，设计出可行的方案，增强学生的自信心，并帮助学生初步了解已经学过的知识如何在工程中得到应用。

4.1 内阻的测量及测量误差的计算

一、实验目的

(1) 熟悉实验台上各类电源及各类测量仪表的布局和使用方法。

(2) 掌握指针式电压表、电流表内阻的测量方法。

(3) 熟悉电工仪表测量误差的计算方法。

二、实验仪器与设备

序号	名称	型号与规格	数量	备注
1	可调直流稳压电源	0～30 V	二路	
2	可调恒流源	0～500 mA	1	
3	指针式万用表	MF-47或其他	1	自备
4	可调电阻箱	0～9999.9 Ω	1	
5	电阻器	按需选择		

三、原理说明

为了准确地测量电路中实际的电压和电流，必须保证仪表接入电路后不会改变被测电路的工作状态。这就要求电压表的内阻为无穷大，电流表的内阻为零。而实际使用的指针式电工仪表都不能满足上述要求。因此，测量仪表一旦接入电路，就会改变电路原有的工作状态，从而导致仪表的读数值与电路原有的实际值之间出现误差。误差的大小与仪表本身内阻的大小密切相关。只要测出仪表的内阻，即可计算出由其产生的测量误差。以下介绍几种测量指针式仪表内阻的方法。

1. 用分流法测量电流表的内阻

如图4-1所示，Ⓐ为内阻为R_A的直流电流表。测量时先断开开关S，调节电流源的输出电流I使Ⓐ表指针满偏转。然后合上开关S，并保持I值不变，调节电阻箱R_B的阻值，使电流表的指针指在1/2满偏转位置，此时有$I_A=I_S=I/2$，所以$R_A=R_B/\!/R_1$。R_1为固定电阻器之值，R_B可由电阻箱的刻度盘读得。

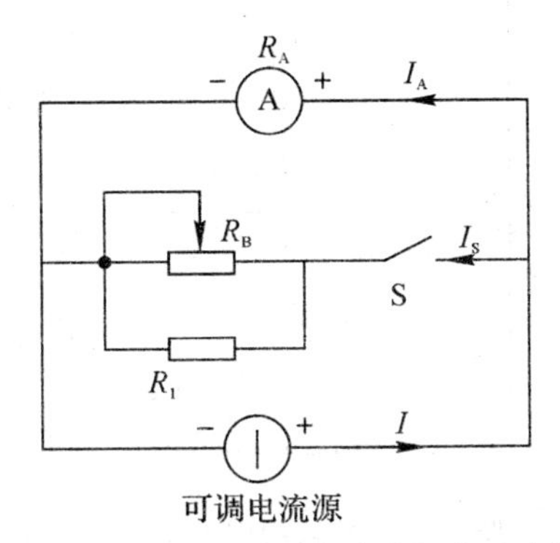

图 4-1　分流法测电流表内阻实验电路

2. 用分压法测量电压表的内阻

如图 4-2 所示，Ⓥ为内阻为R_V的电压表。测量时先将开关 S 闭合，调节直流稳压电源的输出电压，使电压表Ⓥ的指针为满偏转。然后断开开关 S，调节R_B使电压表Ⓥ的指示值减半，此时有$R_V=R_B+R_1$。电压表的灵敏度为$S=R_V/U$（Ω/V），式中U为电压表满偏时的电压值。

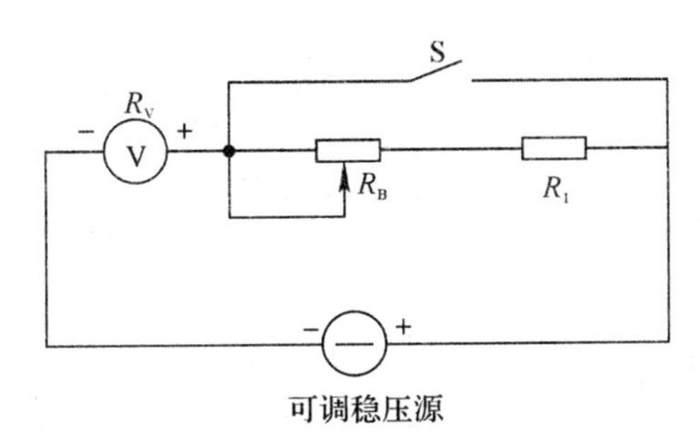

图 4-2　分压法测电压表内阻实验电路

3. 测量误差的计算

由仪表内阻所引起的测量误差通常称为方法误差，而由仪表本身结构所引起的误差称为仪表基本误差。

1）仪表内阻对测量结果的影响

以图 4-3 所示电路为例，R_1上的电压为

$$U_{R1}=\frac{R_1}{R_1+R_2}U$$

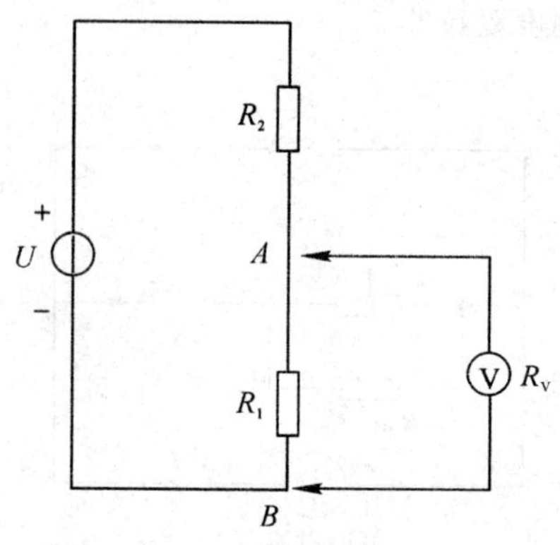

图 4-3　仪表内阻测量电路

若 $R_1=R_2$，则

$$U_{R1}=\frac{U}{2}$$

现用一内阻为 R_V 的电压表来测量 U_{R1} 值，当 R_V 与 R_1 并联后，$R_{AB}=\dfrac{R_VR_1}{R_V+R_1}$，以此来替代 $U_{R1}=\dfrac{R_1}{R_1+R_2}U$ 中的 R_1，则得

$$U'_{R1}=\frac{\dfrac{R_VR_1}{R_V+R_1}}{\dfrac{R_VR_1}{R_V+R_1}+R_2}U$$

绝对误差为

$$\Delta U=U'_{R1}-U_{R1}=U\left(\frac{\dfrac{R_VR_1}{R_V+R_1}}{\dfrac{R_V+R_1}{R_V+R_1}+R_2}-\frac{R_1}{R_1+R_2}\right)$$

化简后得

$$\Delta U=\frac{-R_1^2R_2U}{R_V(R_1^2+2R_1R_2+R_2^2)+R_1R_2(R_1+R_2)}$$

若 $R_1=R_2=R_V$，则得

$$\Delta U=-\frac{U}{6}$$

相对误差为

$$\Delta U\%=\frac{U'_{R1}-U_{R1}}{U_{R1}}\times 100\%=\frac{-U/6}{U/2}\times 100\%=-33.3\%$$

由此可见，当电压表的内阻与被测电路的电阻相近时，测量的误差是非常大的。

2) 伏安法测电阻的测量误差

伏安法测量电阻的原理为：测出流过被测电阻 R_x 的电流 I_R 及其两端的电压降 U_R，则其阻值 $R_x=U_R/I_R$。实际测量时，有两种测量线路，即：相对于电源而言，(1) 电流表Ⓐ(内阻为 R_A)接在电压表Ⓥ(内阻为 R_V)的内侧；(2) Ⓐ接在Ⓥ的外侧。两种线路如图 4-4 所示。

由图 4-4(a)线路可知，只有当 $R_x \ll R_V$ 时，R_V 的分流作用才可忽略不计，Ⓐ的读数接近于实际流过 R_x 的电流值。图 4-4(a)的接法称为电流表的内接法。

由图 4-4(b)线路可知，只有当 $R_x \gg R_A$ 时，R_A 的分压作用才可忽略不计，Ⓥ的读数接近于 R_x 两端的电压值。图 4-4(b)的接法称为电流表的外接法。

实际应用时，应根据不同情况选用合适的测量线路，才能获得较准确的测量结果。以下举一实例。

在图 4-4 中，设：$U=20$ V，$R_A=100$ Ω，$R_V=20$ kΩ。假定 R_x 的实际值为 10 kΩ。

如果采用图 4-4(a)所示线路测量，经计算，Ⓐ、Ⓥ的读数分别为 2.96 mA 和 19.73 V，故

$$R_x=\frac{19.73}{2.96}=6.667\ \text{k}\Omega$$

相对误差为

$$\frac{6.667-10}{10}\times 100\%=-33.3\%$$

如果采用图 4-4(b)所示线路测量，经计算，Ⓐ、Ⓥ的读数分别为 1.98 mA 和20 V，故

$$R_x=\frac{20}{1.98}=10.1\ \text{k}\Omega$$

相对误差为

$$\frac{10.1-10}{10}\times 100\%=1\%$$

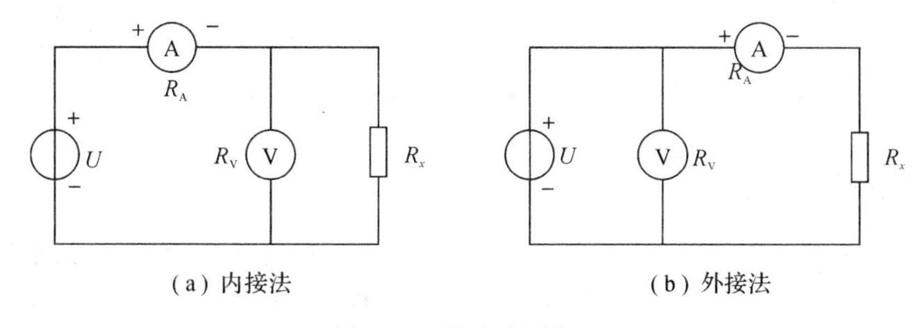

图 4-4　伏安法测电阻

四、实验内容及步骤

（1）根据“分流法”原理测定指针式万用表（MF－47 型或其他型号）直流电流 0.5 mA 和 5 mA 挡量限的内阻。线路如图 4－1 所示。R_B可选用实验台上的电阻箱（下同）。将测试数据填入表 4－1。

表 4－1　分流法测定内阻

被测电流表量限	S断开时的表读数/mA	S闭合时的表读数/mA	R_B/Ω	R_1/Ω	计算内阻 R_A/Ω
0.5 mA					
5 mA					

（2）根据“分压法”原理按图 4－2 接线，测定指针式万用表直流电压 2.5 V 和 10 V 挡量限的内阻，将测试数据填入表 4－2。

表 4－2　分压法测定内阻

被测电压表量　限	S闭合时的表读数/V	S断开时的表读数/V	R_B /kΩ	R_1 /kΩ	计算内阻 R_V /kΩ	S /(Ω/V)
2.5 V						
10 V						

（3）用指针式万用表直流电压 10 V 挡量程测量图 4－3 电路中 R_1上的电压 U'_{R1}，并计算绝对误差与相对误差。将测试数据填入表 4－3。

表 4－3　电压表内阻对测量结果的影响

U	R_2	R_1	R_{10V} (kΩ)	计算值 U_{R1} /V	实测值 U'_{R1} /V	绝对误差 ΔU	相对误差 $(\Delta U/U)\times 100\%$
12 V	10 kΩ	50 kΩ					

五、实验注意事项

（1）在开启双路稳压电源开关前，应将两路电压源的输出调节旋钮调至最小（逆时针旋到底），并将恒流源的输出粗调旋钮拨到 2 mA 挡，输出细调旋钮应调至最小。接通电源后，再根据需要缓慢调节。

（2）当恒流源输出端接有负载时，如果需要将其粗调旋钮由低挡位向高挡位切换，则必须先将其细调旋钮调至最小；否则输出电流突增，可能会损坏外接器件。

（3）电压表应与被测电路并接，电流表应与被测电路串接，并且都要注意正、负极性与量程的合理选择。

（4）实验内容(1)、(2)中，R_1的取值应与R_B相近。

（5）本实验仅测试指针式仪表的内阻。由于所选指针式仪表的型号不同，本实验中所列的电流、电压量程及选用的R_B、R_1等均会不同。实验时应按选定的表型自行确定。

六、实验报告

（1）列表记录实验数据，并计算各被测仪表的内阻值。

（2）分析实验结果，总结应用场合。

（3）对思考题进行计算。

（4）总结实验的收获与心得。

七、思考题

（1）根据实验内容(1)和(2)，若已求出 0.5 mA 挡和 2.5 V 挡的内阻，可否直接计算得出 5 mA 挡和 10 V 挡的内阻？

（2）用量程为 10 A 的电流表测实际值为 8 A 的电流时，实际读数为 8.1 A，求测量的绝对误差和相对误差。

4.2 电流表、电压表的设计及量程扩展

一、实验目的

(1) 了解指针式电表各个量程内阻对电路测量的影响。

(2) 掌握将基本表改装成电流表和电压表的方法。

(3) 学习改装表与标准表的校验方法。

二、实验仪器与设备

序　号	名　称	型号与规格	数　量	备　注
1	直流稳压电源	0～30 V	1	
2	直流恒流源	0～500 mA	1	自备
3	直流电压表	0～300 V	1	自备
4	直流电流表	0～500 mA	1	
5	电工实验箱	含 46～50 μA 基本表	1	
6	可调电阻箱	1 kΩ	1	

三、原理说明

1. 电流表的量程扩展

一只电流表表头允许通过的最大电流称为该表的基本量程，用 I_g 表示，该表头有一定的内阻，用 R_g 表示。这就是一个“基本表”，其等效电路如图 4-5 所示，I_g 和 R_g 是基本表的两个重要参数。

满量程为 50 μA 的电流表，允许流过的最大电流为 50 μA，过大的电流会造成“打针”，甚至烧断电流线圈、使游丝变形而损坏。要用它测量超过 50 μA 的电流，即要扩大电表的测量范围，可选择一个合适的分流电阻 R_A 与基本表并联，如图 4-6 所示。R_A 的大小可以精确算出。

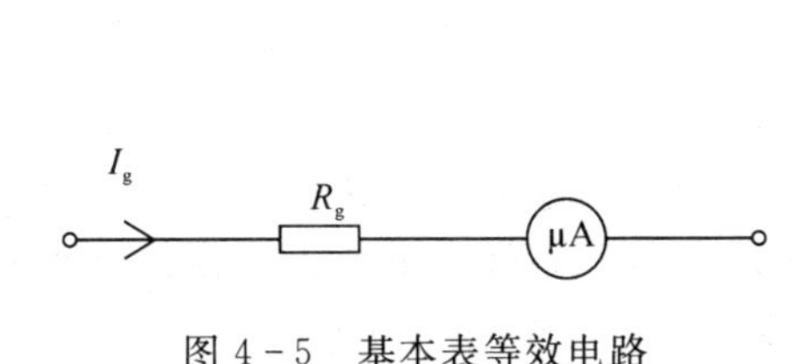

图 4-5　基本表等效电路

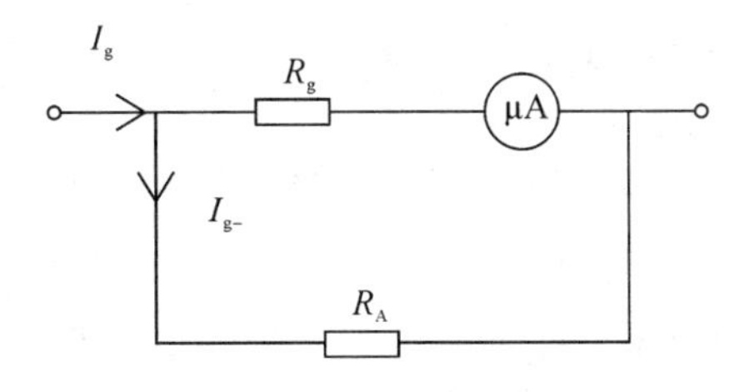

图 4-6　扩大电流表量程

设基本表满量程 $I_g=50\ \mu A$，基本表内阻 $R_g=1000\ \Omega$。现要将其量程扩大 20 倍(即可用来测量 1 mA 电流)，则并联的分流电阻 R_A 应满足下式：

$$I_g R_g=(I-I_g)R_A$$

$$0.05\ \text{mA}\times 1000\ \Omega=(1-0.05)\ \text{mA}\times R_A$$

$$R_A=\frac{50}{0.95}\ \Omega=52.6\ \Omega$$

同理，要使其量程扩展为 10 mA，则应并联 5.03 Ω 的分流电阻。

当用改装后的电流表测量 1(或 10)mA 以下的电流时，只要将基本表的读数乘以 1(或 10)或者将电表面板的满刻度刻成 1(或 10)即可。

2. 电流表改装成电压表

满量程为 50 μA 的电流表也可以改装为一只电压表，只要选择一只合适的分压电阻 R_V 与基本表相串联即可，如图 4-7 所示。

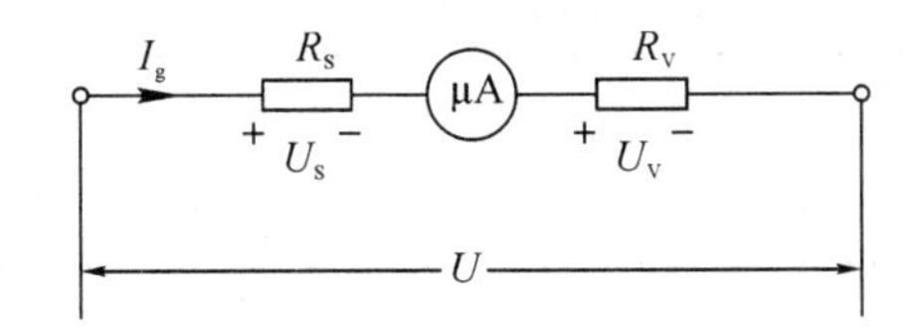

图 4-7　电压表

设被测电压值为 U，则

$$U=U_g+U_V=I_g(R_g+R_V)$$

$$R_V=\frac{U-I_g R_g}{I_g}=\frac{U}{I_g}-R_g$$

要将满量程为 50 μA 的电流表改装成量程为 1 V 的电压表，则应串联的分压电阻为

$$R_V=\left(\frac{1\ \text{V}}{0.05\ \text{mA}}-1000\ \Omega\right)\Omega=(20\ 000-1000)\Omega=19\ 000\ \Omega$$

若要将量程扩大到 10 V，应串联多大的分压电阻呢？

四、实验内容及步骤

1. 46～50 μA 表头的检验

(1) 先对 46～50 μA 表头进行机械调零，而后将其与恒流源的输出、标准电流表串联起来(注意：① 恒流源的挡位和输出调节旋钮均调到最小；② 标准电流表量程相应调小)。

(2) 调节恒流源的输出，最大不超过 50 μA(基本表表头满刻度为止)。

(3) 调节恒流源的输出，令基本表从满刻度调至 0(依次递减 20%)，读取标准表的读数，并记录在表 4－4 中。

表 4－4　表头的检验数据

基本表读数/μA	满刻度	0.8×满度值	0.6×满度值	0.4×满度值	0.2×满度值	0
标准表读数/μA						

2. 将基本表改装为量程为 1 mA 的毫安表

(1) 由 $I_g R_g = (I - I_g) R_A$，将分流电阻 R_A 并联在基本表的两端，这样就将基本表改装成了满量程为 1 mA 的毫安表。

(2) 将恒流源的输出调至 1 mA(串联一只标准电流表测得)。

(3) 调节恒流源的输出，使其标准表读出从 1 mA 调至 0，依次减小 0.2 mA，用改装好的毫安表依次测量恒流源的输出电流，并记录在表 4－5 中。

表 4－5　改装为量程为 1 mA 电流表的检验数据

标准表读数/mA	1	0.8	0.6	0.4	0.2	0
改装表读数/mA						

(4) 将分流电阻改换为上述 R_A 的 0.1 倍，再重复步骤(3)，特别注意要改变恒流源的输出值。

3. 将基本表改装为一只满量程为 10 V 的电压表

(1) 将分压电阻 R_V(经过计算)与基本表相串联，这样基本表就被改装为满量程为 10 V 的电压表。

(2) 将电压源的输出调至 10 V(并联一只标准电压表测得)。

(3) 调节电压源的输出，使用改装后的电压表测其从 10 V 调至 0，依次减小 2 V，同时用标准表测量校验，并记录于表 4－6 中。

表 4-6 改装为 10 V 电压表的检验数据

改装表读数/V	10	8	8	4	2	0
标准表读数/V						

(4) 将分压电阻换成上述 R_V 的 0.1 倍，重复上述测量步骤(注意调整电压源的输出)。

五、实验注意事项

(1) 在开启双路稳压电源开关前，应将两路电压源的输出调节旋钮调至最小(逆时针旋到底)，并将恒流源的输出粗调旋钮拨到 2 mA 挡，输出细调旋钮应调至最小。接通电源后，再根据需要缓慢调节。

(2) 当恒流源输出端接有负载时，如果需要将其粗调旋钮由低挡位向高挡位切换，则必须先将其细调旋钮调至最小，否则输出电流突增，可能会损坏外接器件。

六、实验报告

(1) 列表记录实验数据。

(2) 分析实验结果。

(3) 对思考题进行分析。

(4) 总结实验收获与体会。

七、思考题

(1) 输入仪表的电压和电流过大或接入仪表的极性相反会造成什么后果?

(2) 用标准表进行校验时，标准表如何选择?

(3) 如果要将本实验中的几种测量改为万用表的操作方式，以便对不同量程的电压、电流进行测量，需要用什么样的开关来进行切换?如何设计该电路?

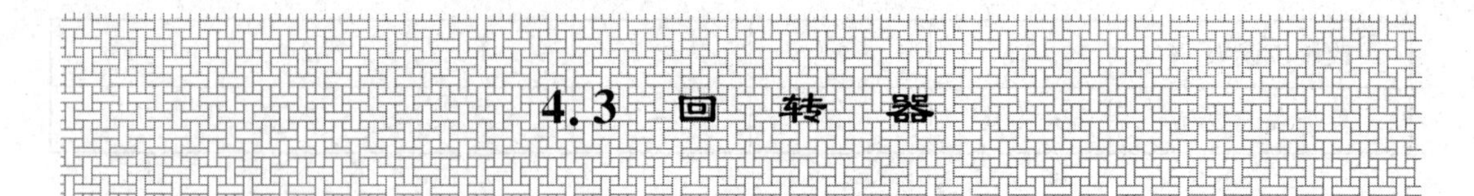

4.3 回 转 器

一、实验目的

(1) 掌握回转器的基本特性。

(2) 测量回转器的基本参数。

(3) 了解回转器的应用。

二、实验仪器与设备

序　号	名　称	型号与规格	数　量	备　注
1	低频信号发生器		1	
2	交流毫伏表	0～600 V	1	自备
3	双踪示波器		1	自备
4	可变电阻箱	0～99 999.9 Ω	1	
5	电容器	0.1 μF，1 μF	1	
6	电阻器	1 kΩ	1	
7	回转器实验电路板		1	

三、原理说明

回转器是一种有源非互易的新型两端口网络元件，电路符号及其等效电路如图4-8(a)、(b)所示。

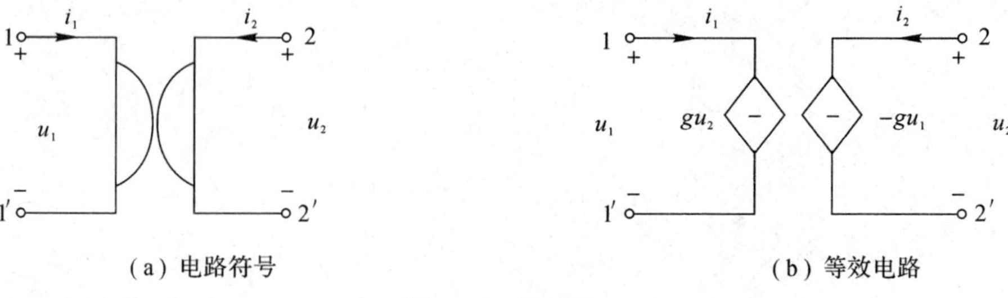

(a) 电路符号　　(b) 等效电路

图 4-8　回转器

理想回转器的导纳方程如下：

$$\begin{vmatrix} I_1 \\ I_2 \end{vmatrix} = \begin{vmatrix} 0 & g \\ -g & 0 \end{vmatrix} \begin{vmatrix} u_1 \\ u_2 \end{vmatrix}$$

或写成

$$i_1 = g u_2 ,\ i_2 = -g u_1$$

也可写成电阻方程：

$$\begin{vmatrix} u_1 \\ u_2 \end{vmatrix} = \begin{vmatrix} 0 & -R \\ R & 0 \end{vmatrix} \begin{vmatrix} i_1 \\ i_2 \end{vmatrix}$$

或写成

$$u_1 = -R i_2 ,\ u_2 = R i_1$$

式中，g 和 R 分别称为回转电导和回转电阻，统称为回转常数。

若在 2－2′端接一电容负载 C，则从 1－1′端看进去就相当于一个电感，即回转器能把一个电容元件“回转”成一个电感元件；相反，也可以把一个电感元件“回转”成一个电容元件，所以也称为阻抗逆变器。

2－2′端接有 C 后，从 1－1′端看进去的导纳 Y_i 为

$$Y_i = \frac{i_1}{u_1} = \frac{g u_2}{-i_2/g} = \frac{-g^2 u_2}{i_2}$$

由于$\frac{u_2}{i_2} = -Z_L = -\frac{1}{j\omega C}$，因此

$$Y_i = \frac{g^2}{j\omega C} = \frac{1}{j\omega L}$$

式中 $L = \frac{C}{g^2}$ 为等效电感。

回转器的阻抗逆变作用在集成电路中得到了重要的应用。在集成电路制造中，制造一个电容元件比制造电感元件容易得多，我们可以用一个带有电容负载的回转器来获得数值较大的电感。图 4－9 为用运算放大器组成的回转器电路图。

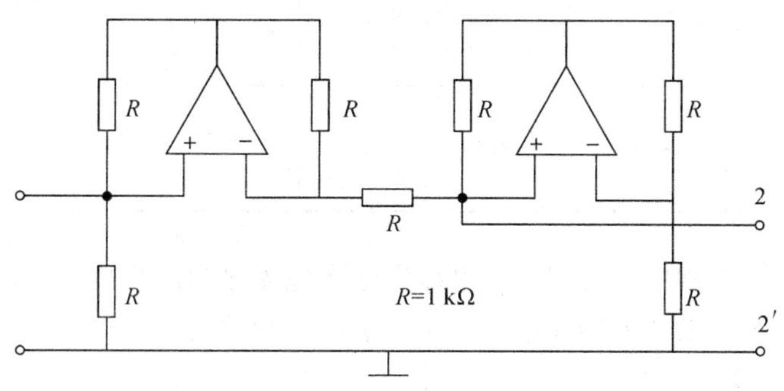

图 4－9　用运算放大器组成的回转器电路图

四、实验内容及步骤

1. 测量回转器的基本参数

(1) 在图 4-10 的 2-2′端接纯电阻负载(电阻箱)，信号源频率固定在 1 kHz，信号源电压≤3 V。用交流毫伏表测量不同负载电阻 R_L时的 U_1、U_2和 U_R，并计算相应的电流 I_1、I_2和回转常数 g，一并记入表 4-7 中。

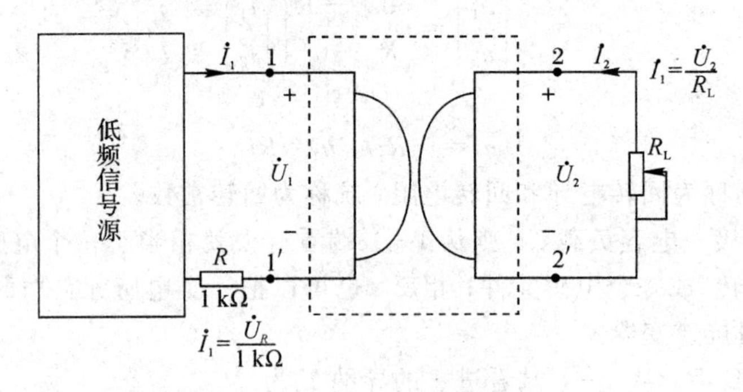

图 4-10 回转器实验电路(1)

表 4-7 回转器基本参数测试数据

R_L/Ω	测量值			计算值				
	U_1/V	U_2/V	U_R/V	I_1/mA	I_2/mA	$g'=\dfrac{I_1}{U_2}$	$g''=\dfrac{I_2}{U_1}$	$g=\dfrac{g'+g''}{2}$
500								
1 k								
1.5 k								
2 k								
3 k								
4 k								
5 k								

(2) 用双踪示波器观察回转器输入电压和输入电流之间的相位关系。按图 4-11 接线，信号源的高端接 1 端，低(“地”)端接 M，示波器的“地”端接 M，Y_A、Y_B分别接 1、1′端。

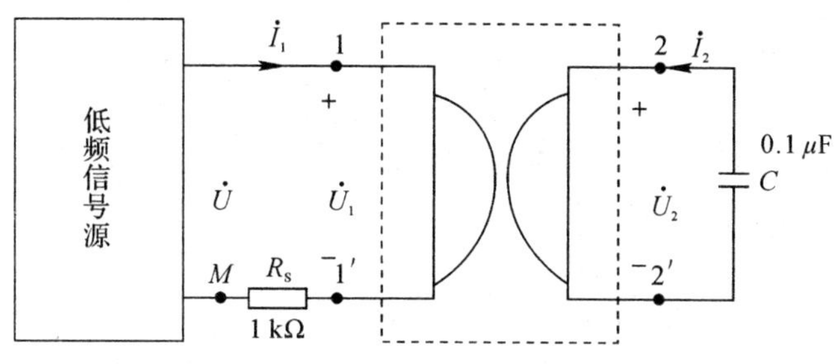

图 4-11　回转器实验电路(2)

在 2-2′端接电容负载 $C=0.1\ \mu\text{F}$，取信号电压 $U\leqslant 3$ V，频率 $f=1$ kHz。观察 $\dot{I}_1$ 与 $\dot{U}_1$ 之间的相位关系是否具有感抗特征。

(3) 测量等效电感。线路同步骤(2)(不接示波器)。取低频信号源输出电压 $U\leqslant 3$ V，并保持恒定。用交流毫伏表测量不同频率时的 U_1、U_2、U_R 值，并算出 $I_1=U_R/1\ \text{k}\Omega$，$g=I_1/U_2$，$L'=U_1/2\pi f I_1$，$L=C/g^2$ 及误差 $\Delta L=L'-L$，分析 U、U_1、U_R 之间的向量关系。测量数据填入表 4-8。

表 4-8　回转器等效电感测试数据

参数	频率/Hz										
	200	400	500	700	800	900	1000	1200	1300	1500	2000
U_2/V											
U_1/V											
U_R/V											
I_1/mA											
g/Ω^{-1}											
L'/H											
L/H											
$\Delta L=L'-L$/H											

2. 用模拟电感组成 *RLC* 并联谐振电路

用回转器作电感，与电容器 $C=1\ \mu\text{F}$ 构成并联谐振电路，如图 4-12 所示。取 $U\leqslant 3$ V 并保持恒定，在不同频率时用交流毫伏表测量 1-1′端的电压 U_1，并找出谐振频率。

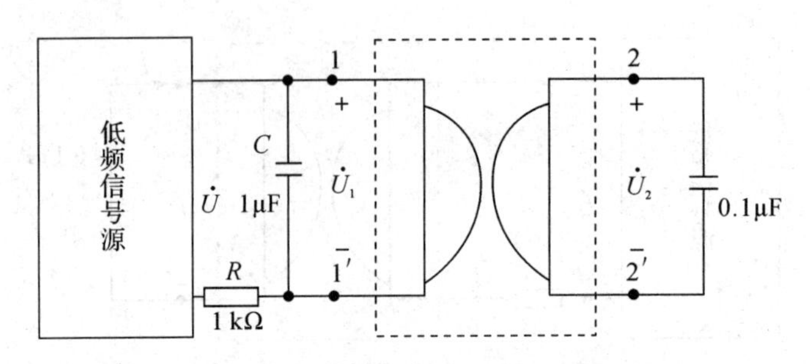

图 4-12 回转器作电感的应用电路

五、实验注意事项

(1) 回转器的正常工作条件是 u 或 u_1、i_1 的波形必须是正弦波。为避免运放进入饱和状态使波形失真，输入电压不宜过大。

(2) 实验过程中，示波器及交流毫伏表电源线应使用两线插头。

六、实验报告

(1) 完成各项规定的实验内容(测试、计算、绘制曲线等)。

(2) 从各实验结果中总结回转器的性质、特点和应用。

(3) 根据实验内容 2 中的所测数据绘制 $I-f$ 曲线。

七、思考题

当回转器的工作条件是余弦波的时候，分析实验结果。

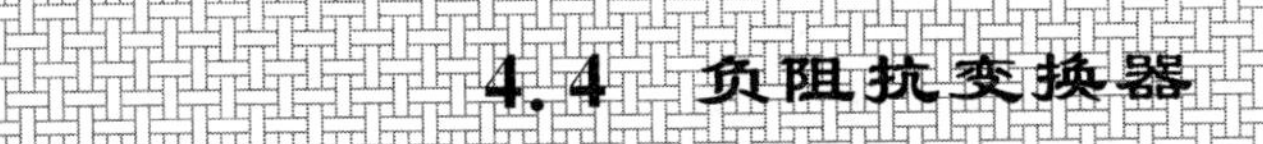

4.4　负阻抗变换器

一、实验目的

(1) 加深对负阻抗概念的认识，掌握对含有负阻抗的电路的分析研究方法。

(2) 了解负阻抗变换器的组成原理及其应用。

(3) 掌握负阻抗变换器的各种测试方法。

二、实验仪器与设备

序　号	名　称	型号与规格	数　量	备　注
1	低频信号发生器		1	
2	交流毫伏表	0～600 V	1	自备
3	双踪示波器		1	自备
4	可变电阻箱	0～99 999.9 Ω	1	
5	直流稳压电源	0～30 V	1	
6	电阻器、电容器	1 kΩ，0.1 μF，1 μF	1	
7	负阻抗变换器实验电路板		1	

三、原理说明

1. 负阻抗变换器的定义

负阻抗是电路理论中的一个重要的基本概念，在工程实践中有广泛的应用。有些非线性元件(如隧道二极管)在某个电压或电流范围内具有负阻特性。除此之外，一般都由一个有源双口网络来形成一个等效的线性负阻抗。该网络由线性集成电路或晶体管等元件组成，这样的网络称作负阻抗变换器。

按有源网络输入电压、电流与输出电压、电流的关系，负阻抗变换器可分为电流倒置型(INIC)和电压倒置型(VNIC)两种，其示意图如图 4－13 所示。

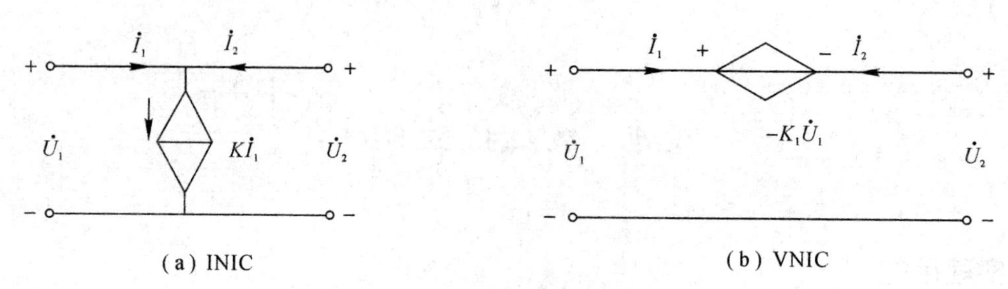

(a) INIC (b) VNIC

图 4-13 负阻抗变换器的类型

在理想情况下，负阻抗变换器的电压、电流关系为

INIC 型：$\dot{U}_2=\dot{U}_1$，$\dot{I}_2=K\dot{I}_1$（K 为电流增益）。

VNIC 型：$\dot{U}_2=-K_1\dot{U}_1$，$\dot{I}_2=-\dot{I}_1$ （K_1 为电压增益）。

2. 负阻抗变换器的应用

本实验用线性运算放大器组成图 4-14 所示的 INIC 电路，在一定的电压、电流范围内可获得良好的线性度。

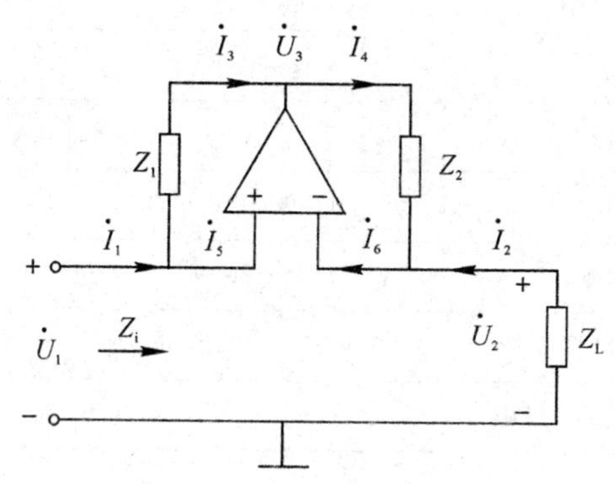

图 4-14 INIC 负阻抗电路

根据运放理论可知：

$$\dot{U}_1=\dot{U}_+=\dot{U}_-=\dot{U}_2$$

$$\dot{I}_5=\dot{I}_6=0,\ \dot{I}_1=\dot{I}_3,\ \dot{I}_2=-\dot{I}_4$$

$$\dot{I}_3=\frac{\dot{U}_1-\dot{U}_3}{Z_1},\ \dot{I}_4=\frac{\dot{U}_3-\dot{U}_2}{Z_2}=\frac{\dot{U}_3-\dot{U}_1}{Z_2}$$

因此有

$$\dot{I}_4Z_2=-\dot{I}_3Z_1,\ -\dot{I}_2Z_2=-\dot{I}_1Z_1$$

即有

$$\frac{\dot{U}_2}{Z_L} \cdot Z_2 = -\dot{I}_1 Z_1$$

从输入端 U_1 看入的输入阻抗为

$$\frac{\dot{U}_2}{\dot{I}_1} = \frac{\dot{U}_1}{\dot{I}_1} = Z_i = -\frac{Z_1}{Z_2} \cdot Z_L = -KZ_L \left(令\ K = \frac{Z_1}{Z_2}\right)$$

当 $Z_1 = R_1 = R_2 = Z_2 = 1\ \text{k}\Omega$ 时，$K = \frac{Z_1}{Z_2} = \frac{R_1}{R_2} = 1$。

(1) $Z_L = R_L$ 时，$Z_i = -KZ_L = -R_L$。

(2) $Z_L = \frac{1}{j\omega C}$ 时，$Z_i = -KZ_L = -\frac{1}{j\omega C} = j\omega L \quad \left(令\ L = \frac{1}{\omega^2 C}\right)$。

(3) $Z_L = j\omega L$ 时，$Z_i = -KZ_L = -j\omega L = \frac{1}{j\omega C} \quad \left(令\ C = \frac{1}{\omega^2 L}\right)$。

(2)、(3)两项表明，负阻抗变换器可实现容性阻抗和感性阻抗的互换。

四、实验内容及步骤

1. 测量负电阻的伏安特性，计算电流增益 K 及等效负阻

实验线路参见图 4-14。U_1 接直流可调稳压电源，Z_L 接电阻箱。具体数据填入表4-9中。

表 4-9 负电阻的伏安特性测试数据

$R_L = 300\ \Omega$	U_1/V								
	I_1/mA								
	R/kΩ								
$R_L = 600\ \Omega$	U_1/V								
	I_1/mA								
	R_-/kΩ								

(1) 取 R_L(即 Z_L)=300 Ω(取自电阻箱)。令直流稳压源的输出电压依次为 0.1 V、0.5 V、1 V、1.5 V、2 V、2.2 V、2.3 V、2.5 V，分别测量 INIC 的输入电压 U_1 及输入电流 I_1。

(2) 令 R_L=600 Ω，重复上述的测量(U_1 取 0.1 V、0.5 V、1 V、2 V、3 V、3.5 V、3.7 V、4.0 V)。

(3) 计算等效负阻：实测值 $R_- = U_1/I_1$，理论计算值 $R'_- = -KZ_L = -R_L$。电流增益：$K = R_1/R_2 = 1$。

(4) 绘制负电阻的伏安特性曲线 $U_1=f(I_1)$。

2. 阻抗变换及相位观察

实验电路如图 4-15 所示。图中 b、c 即为 INIC 线路左下侧的两个插孔。接线时，信号源的高端接 a，低("地")端接 b，双踪示波器的"地" 端接 b，Y_A、Y_B分别接 a、c。图中的 R_S 为电流取样电阻。因为电阻两端的电压波形与流过电阻的电流波形同相，所以 R_S上的电压波形就反映了电流 i_1的相位。

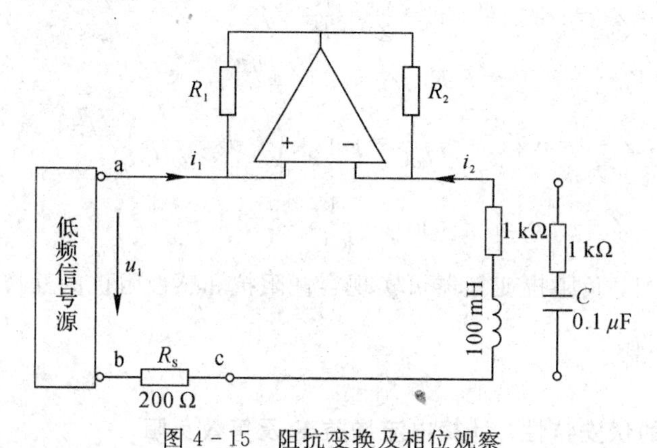

图 4-15　阻抗变换及相位观察

(1) 调节低频信号使 $U_1\leqslant 3$ V，改变信号源频率 $f=500\sim2000$ Hz，用双踪示波器观察 U_1与 I_1的相位差，判断是否具有容抗特征。

(2) 用 0.1 μF 的电容 C 代替 L，重复步骤(1)，观察是否具有感抗特征。

五、实验注意事项

本实验内容的接线较多，应仔细检查，特别是信号源与示波器的低端不可接错。

六、实验报告

(1) 完成计算并绘制特性曲线。

(2) 总结对 INIC 电路的认识。

(3) 总结实验收获与体会。

七、思考题

(1) 负阻抗变换器实验电路中，电源是发出功率还是吸收功率？负阻器件呢？

(2) 分析测量负阻值时引起误差的因素。

4.5　稳压电源的工作原理研究

一、实验目的

(1) 加深对串联型稳压电路工作原理的理解。

(2) 研究单相桥式整流、电容滤波电路的特性。

(3) 学习串联型晶体管稳压电源主要技术指标的测试方法。

二、实验仪器与设备

序　号	名　称	型号与规格	数　量	备　注
1	整流二极管	1N4001	4 只	
2	电解电容	1000 μ/25 V	2 只	
3	三极管	9013	4 只	
4	大功率三极管	3 A/50 V	1 只	
5	红色发光二极管		1 只	
6	大电阻	2.7 Ω/1 W	1 只	
7	1/4 W 电阻	510 Ω，1.5 kΩ，2 kΩ，5.6 kΩ，10 kΩ	各 1 只	
8	电位器(可调电阻)	2.5 kΩ	1 只	
9	瓷片电容	0.01 μF	2 只	
10	变压器	15 V/220 V，5 W	1 只	
11	万能印刷板	80×100 mm^2	1 块	
12	二芯带插头电源线		1 根	
13	导线、焊锡若干			

三、原理说明

1. 稳压电源的组成原理

直流稳压电源一般由电源变压器、整流电路、滤波电路及稳压电路所组成，基本框图和波形变换如图 4－16 所示。

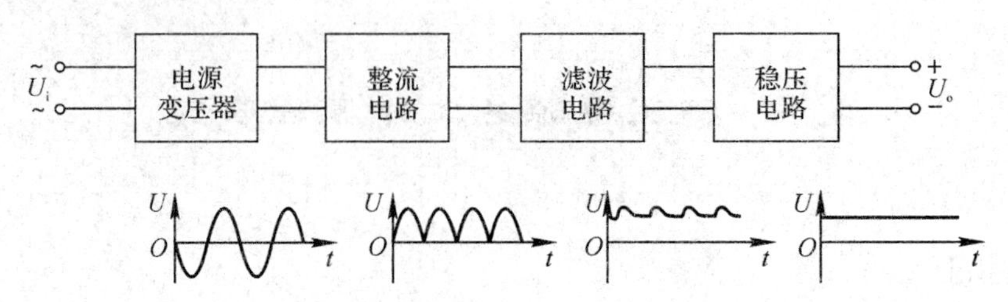

图 4－16 直流稳压电源的原理框图

电源变压器：将电网 220 V 的交流电压变换成整流滤波电路所需的低电压。

整流电路如图 4－17 所示，一般由具有单向导电性的二极管构成，经常采用单相半波、单相全波和单相桥式整流电路。应用最为广泛的是桥式整流电路，4 个二极管轮流导通，无论正半周还是负半周，流过负载的电流方向是一致的，形成全波整流，将变压器输出的交流电压变成了脉动的直流电压。

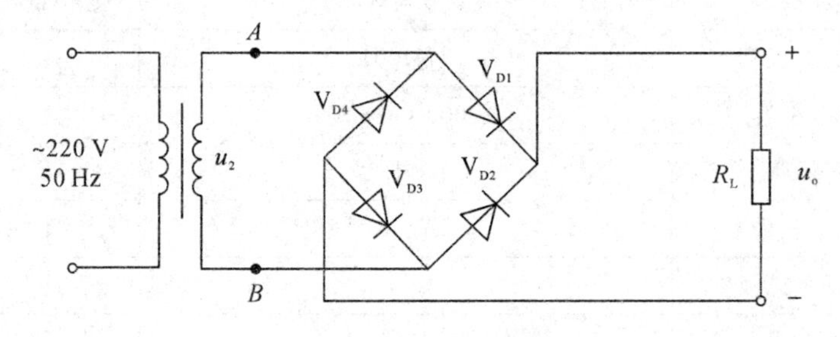

图 4－17 整流电路

整流电路输出波形如图 4－18 所示。

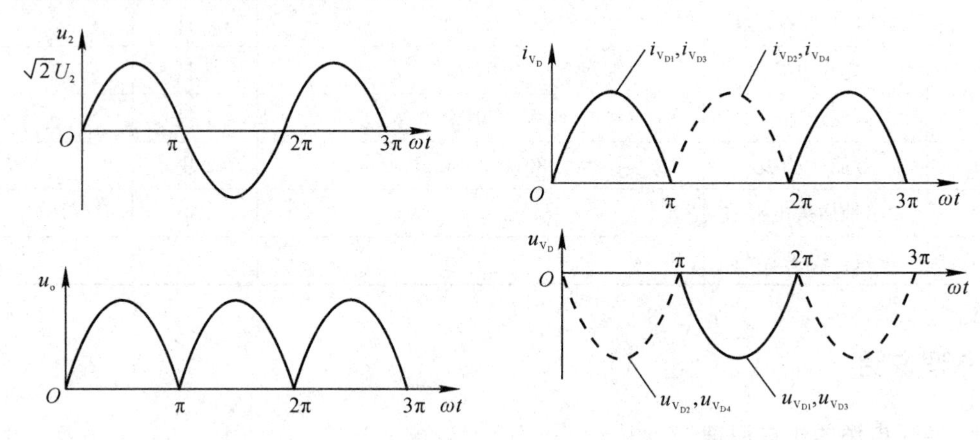

图 4－18 整流电路波形图

电容滤波电路如图 4－19 所示，由于电容是储能元件，利用其充放电特性，使输出波形平滑，减小直流电中的脉动成分，以达到滤波的目的。为了使滤波效果更好，滤波电容的电容量可选得大一些。电容的放电时间常数越大，放电过程越慢，脉动成分越少，同时使得电压更高。

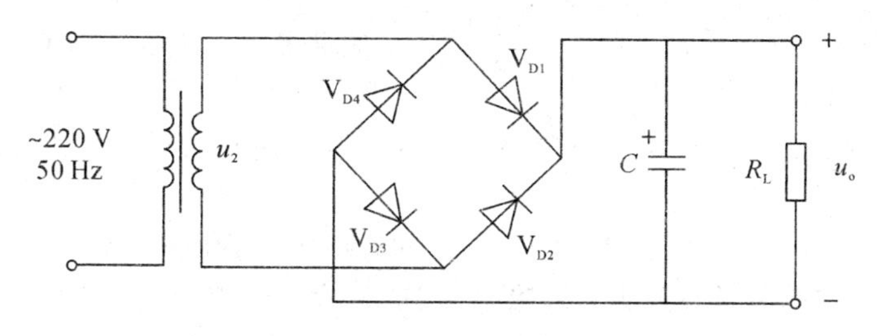

图 4－19　滤波电路

滤波电路输出波形如图 4－20 所示。

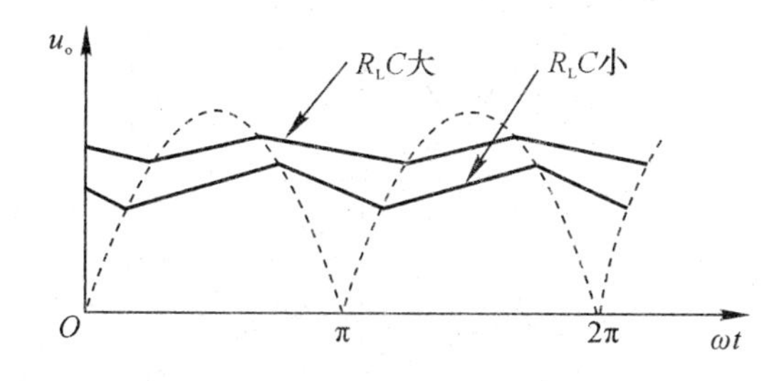

图 4－20　滤波电路波形图

稳压电路用于稳定输出电压。稳压电路种类很多，包括稳压管、串联稳压电路、集成稳压器等。本实验中我们选用的是三端式固定输出稳压器 7805、7812。

2. 方案选择

串联型稳压电源有两种方案可供选择：分立元件串联调整稳压电路和集成稳压块稳压电路，如图 4－21 所示。

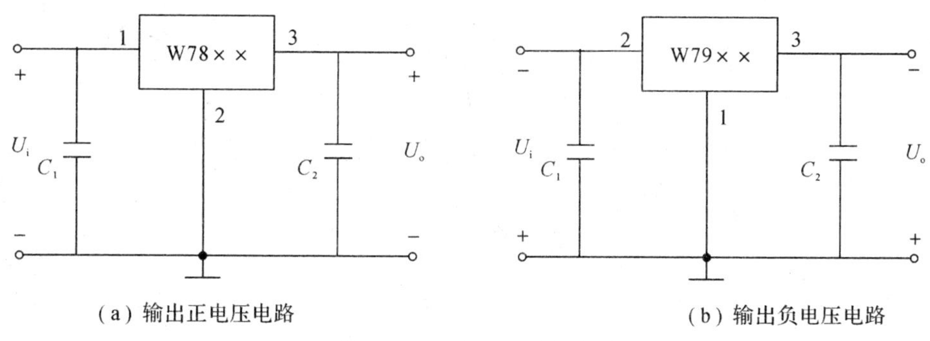

(a) 输出正电压电路　　(b) 输出负电压电路

图 4－21　集成稳压电路

1）分立元件串联型稳压电路

典型的串联型稳压电路如图 4－22 所示，是由调整环节、比较放大环节、基准环节和取样环节所组成的电压负反馈闭环系统。

取样环节：由 R_1、R_2 和 R_P 组成的分压电路。它将输出电压 U_o 的变化取回一部分 U_F（称取样电压）送入比较放大器的基极。

基准环节：由限流电阻 R_3 和稳压管 V_{DZ} 组成，为比较放大器 V_2 的发射极提供一个稳定的基准电压 U_Z。

比较放大环节：由 V_2、R_4 组成，R_4 为 V_2 的集电极负载电阻。比较放大器对取样电压 U_F 和基准电压 U_Z 的差值进行放大，去控制 V_1 的基极。

调整环节：由基极偏置电阻 R_4 及调整管 V_1 组成。射极输出器调整管 V_1 起电压调节作用，其 C、E 极间的管压降 U_{CE1} 受比较放大器误差电压的控制，由于起电压调节作用的调整管 V_1 与负载是串联的，故称为串联型稳压电路。

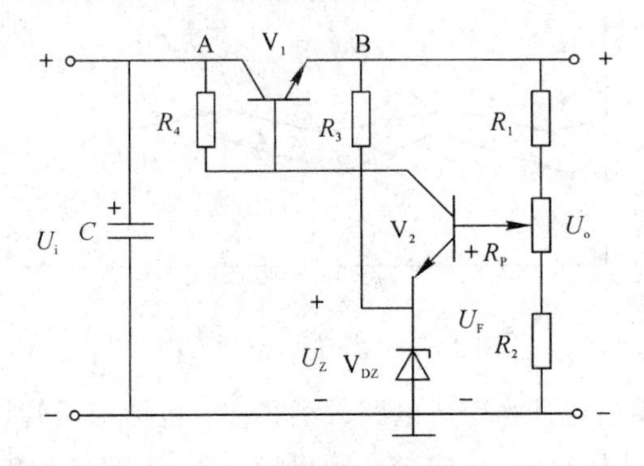

图 4－22　串联型稳压电路

2）集成稳压块稳压电路

集成稳压器多采用串联型稳压电路，组成框图如图 4－23 所示。除基本稳压电路外，常接有各种保护电路，当集成稳压器过载时，使其免于损坏。

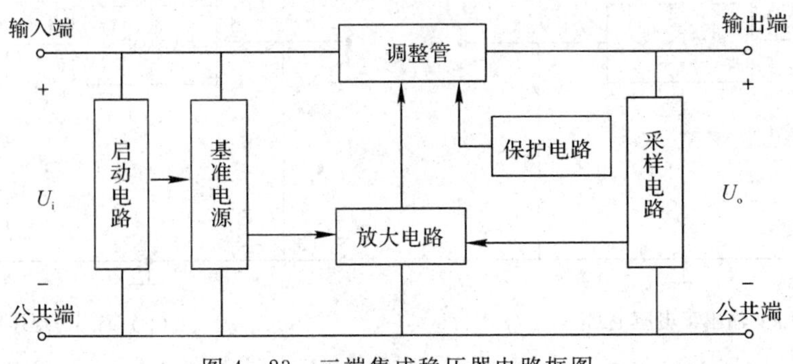

图 4－23　三端集成稳压器电路框图

由于分立串联型稳压电路输出电流较大，稳压精度较高，应用广泛，满足本设计指标要求，故本实验采用分立元件串联调整稳压电源。

四、实验内容及步骤

1. 整流滤波电路测试

按表 4-10 中电路图接线，变压器输出为 15 V，接通 220 V 交流电源。用示波器观察输出波形，画入表 4-10 中。

表 4-10　整流滤波电路测试结果

电路形式		输入条件	输出波形
$R_L=240\ \Omega$	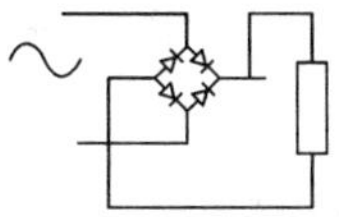	AC 220 V，50 Hz	
$R_L=240\ \Omega$ $C=470\ \mu f$	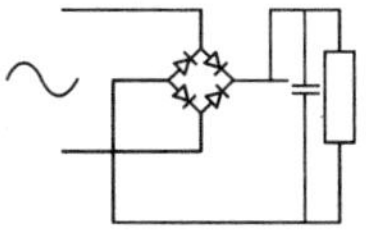		
$R_L=120\ \Omega$ $C=470\ \mu f$	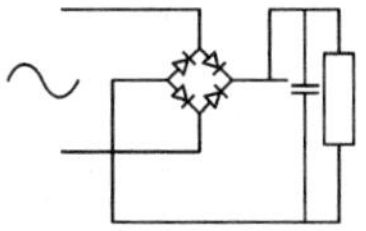		

结论：______________________________

____

2. 串联型稳压电源性能测试

(1) 测量各级静态工作点，条件：$U_2=15$ V，$U_o=9$ V，$I_o=100$ mA。测量结果填入表 4-11 中。

表 4-11　静态工作点测试

	V_1	V_2	V_3
U_B/V			
U_C/V			
U_E/V			

说明：U_2 为整流电路输入电压，U_o 为最终的直流输出电压，I_o 为负载电流。

(2) 测量稳压系数。取负载电流 I_o=100 mA，按表 4-12 改变整流电路输入电压 U_2，分别测出相应的整流滤波输出电压 U_3 及最终的直流输出电压 U_o，记入表 4-12。

表 4-12　测量稳压系数

测试值			计算值
U_2/V	U_3/V	U_o/V	$S=U_3/U_o$
10			
14		9	
17			

(3) 测量输出电阻 R_o。取 U_2=14 V，改变负载电阻阻值，使 I_o 分别为空载、50 mA 和 100 mA，测量相应的 U_o 值，记入表 4-13。

表 4-13　测量输出电阻

测试值		计算值
I_o/mA	U_o/V	$R_o(\Omega)=U_o/I_o$
空载		
50	9	
100		

五、实验注意事项

本实验内容的接线较多，应仔细检查，特别是信号源与示波器的低端不可接错。

六、实验报告

(1) 根据实验电路参数计算出各电路输出电压的理论值。

(2) 思考调整管在什么情况下功耗最大。

(3) 总结实验收获与体会。

七、思考题

在为有源器件提供直流电源时如何防止电源接反？

4.6　三相异步电动机 Y-△降压启动控制系统的设计、安装与调试

一、实验目的

(1) 认识常用的控制电器，了解它们的功能和使用。

(2) 掌握电气控制电路的工程安装、故障分析和使用。

二、实验仪器与设备

序号	名　称	型号与规格	数量	备注
1	交流接触器		3	
2	热继电器		1	
3	熔断器		5	
4	按钮		1	
5	时间继电器		1 只	
6	自动断路器		1 只	
7	三相交流笼型异步电动机		1 台	
8	接线端子排		1	
9	一字(十字)螺丝刀			
10	尖嘴钳、斜口钳、剥线钳、钢丝钳等			
11	安装电路板、冷压端子			
12	数字万用表		1 台	
13	连接导线、号码管、行线槽			

三、原理说明

规定三相交流异步电动机额定电压为 380 V，功率为 7.5 kW 以上，采用△接法须采用 Y-△降压启动，电动机启动时接成 Y 形，每相绕组电压降为额定电压的 $1/\sqrt{3}$，启动过程结束后再切换成△连接。由电工电子学知识可知，Y 形接法的电动机线电流仅为△连接时电流的 1/3，而相应的启动转矩也是△连接时的 1/3，即 $I_{\Delta L}=3I_{YL}$，$T_{\Delta L}=3T_{YL}$，因此，Y-△启动仅适用于空载或轻载下启动。

图 4－24 为 Y－△连接降压启动控制电路原理图。

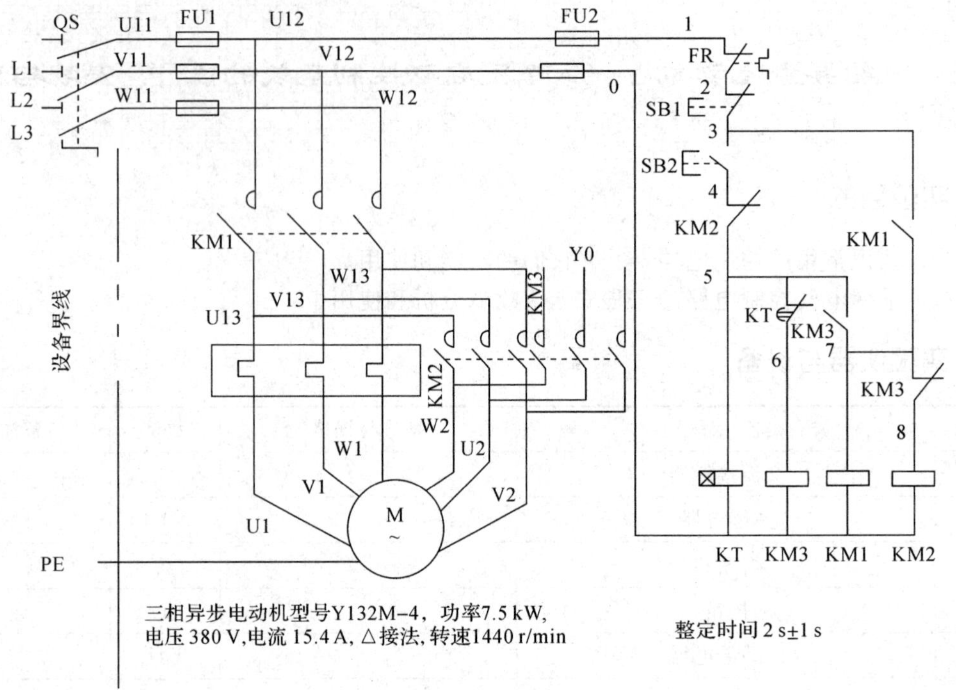

图 4－24　Y－△降压启动电路原理图

Y－△降压启动控制电路工作过程如下：

合上空气开关 QS：

按下按钮 SB2，KT 线圈得电(开始整定时间)，KM3 线圈得电，KM3 常闭触点断开对 KM2 互锁，KM3 常开主触点闭合，电机绕组末端连接成 Y 形接法，KM3 常开辅助触点闭合，KM1 线圈得电，KM1 常开辅助触点闭合自锁，KM1 常开主触点闭合，电源引入电机定子绕组，电机以 Y 形连接启动。

整定时间到后：

KT 常闭触点延时断开，KM3 线圈失电，KM3 常开主触点断开，电机 Y 形启动结束。KM3 常闭辅助触点恢复闭合，KM2 线圈得电后，KM2 接触器常开主触点闭合，电机全压运行。

四、实验内容及步骤

(1) 元件安装：正确利用工具和仪表安装电气元器件，元器件在配线板上要求布置合理，安装准确、紧固。元器件布局图如图 4－25 所示。按照图 4－25 将熔断器、交流接触器、热继电器、按钮、时间继电器、接线端子排、行线槽固定在配线板上。

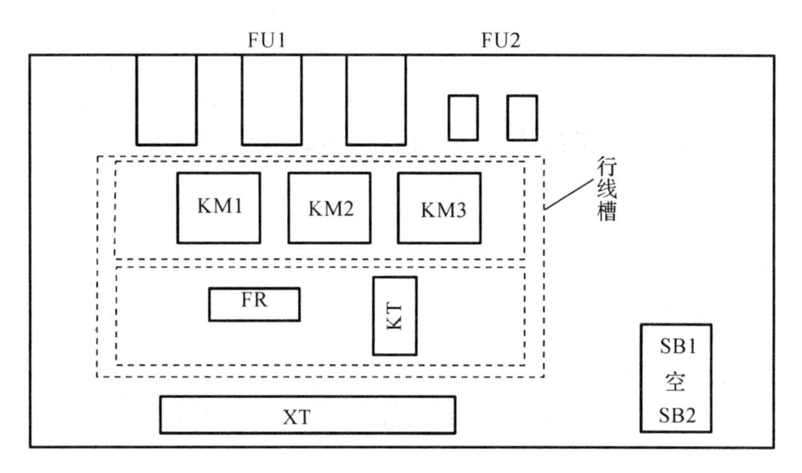

图 4－25　电气元件布局图

(2) 接线：接线要求美观、紧固、无毛刺，导线要进行线槽。电源和电动机配线、按钮接线要接到端子排上，进出线槽的每根导线两端要有端子标号。

(3) 通电实验：目测并用万用表检查无误后，合上电源开关 QS，按下启动按钮 SB2，让电动机 Y 形启动，观察电动机的运转情况，再按下停止按钮 SB1 使电动机停转。调节时间继电器的延时时间，重新启动电动机，记录启动的时间值。操作过程中注意人身安全。

(4) 调试分析，若出现故障，应根据电路原理、继电器动作状态、电动机运行情况分析并做出正确判断，直至排除故障。

五、实验注意事项

(1) 每次接线、拆线或长时间讨论问题时，必须断开三相电源，以免发生触电事故。

(2) 为减小电流和保证学生实验安全，建议将三相电源线电压调整至 220 V。

六、实验报告

(1) 画出电动机 Y－△降压启动电路接线图，要求：电气元件布局合理、连接准确，接线敷设平直，接线端排列合理，导线绑扎美观正确。

(2) 总结实验收获与体会。

七、思考题

(1) 电动机为什么要采用降压启动？有哪几种降压启动方式？各有什么优缺点？

(2) 什么情况下使用 Y－△降压启动？说明启动性能和应用场合。

4.7 高压电源控制柜的控制电路

一、实验目的

(1) 通过本项目的设计实践，学习并了解实际工程中高压电源控制柜的实用电路。

(2) 根据实际工艺要求，培养设计与安装控制电路的能力。

(3) 根据实际工程中遇到的各种现象，培养分析问题与解决实际问题的能力。

二、实验仪器与设备

序 号	名 称	型号与规格	数 量	备 注
1	高压电源控制柜		1套	
2	三相交流电动机		1台	
3	自动断路器		1只	
4	交流接触器		5只	
5	中间继电器		3只	
6	时间继电器		2只	
7	警铃		1只	
8	复合按钮		4只	
9	行程开关		3只	
10	钥匙开关		1只	
11	热继电器		1只	
12	动圈式调压器		1只	
13	试验变压器		1只	
14	常用低压电工工具			一字(十字)螺丝刀、尖嘴钳、斜口钳、剥线钳、钢丝钳等
15	辅助器材			连接导线 BVR 1.5 mm^2 20 米、BVR 1 mm^2 10 米、号码管、行线槽、安装电路板、冷压端子等
16	数字式万用表		1台	

三、原理说明

1．动圈式调压器

动圈式调压器结构、原理与变压器相似。它通过一个在同一铁芯上自身短路的动线圈，沿铁芯柱上下移动，以改变另外两个匝数相等而反相串联的线圈的阻抗与电压分配，调节输出电压。图 4－26 是动圈式调压器的示意图。

图 4－26　动圈式调压器示意图

铁芯为单相单柱两旁轭式，有时也有三旁轭式。它有一个主线圈 1a 和一个辅助线圈 1b，两者匝数相等，对称地套在铁芯柱的上下两部分，反向串联。主线圈 1a 和线圈 1b 相互自耦连接，构成自耦变压器形式。主线圈和辅助线圈如图 4－27 所示。

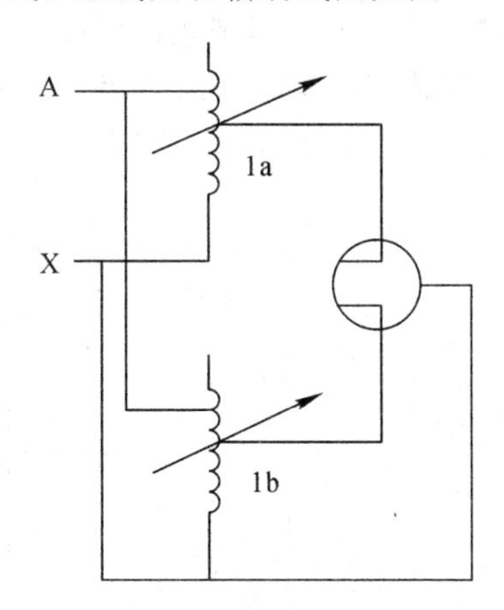

图 4－27　主线圈和辅助线圈

线圈 3 为自身短路的动线圈，套在线圈 1a、1b 和 2 的外面。动线圈借传动机构可改变位置，从而可调节输出电压 U_2。动线圈如图 4－28 所示。

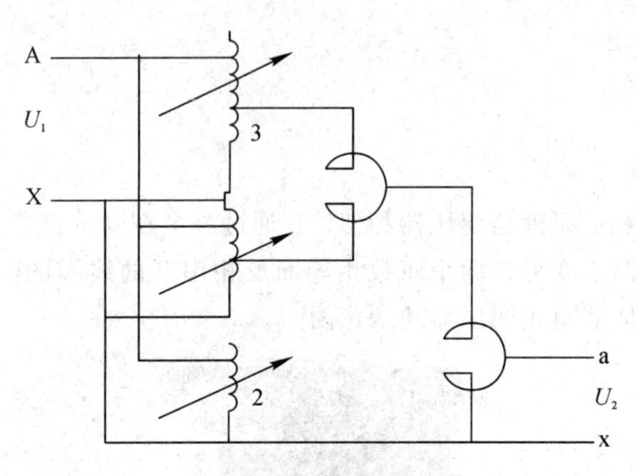

图 4-28　动线圈

改变动线圈与主线圈、辅助线圈之间的相对位置，则后两线圈的阻抗随之而变，电源电压 U_1 即按阻抗大小分配于主、辅两线圈上。当动线圈与主线圈完全重合时，主线圈的阻抗为最小，而辅助线圈的阻抗为最大，这样，U_2 最小；反之，当动线圈完全重合于辅助线圈时，U_2 为最大。当动线圈自上而下逐渐移动，U_2 即可从 0 逐渐增至最大值。如将 3 个动圈式调压器单元装在同一底座上，并共用一个传动机构，即可按三相接法（一般为 Y 接法）连成三相动圈式调压器。

2. 高压电源柜控制原理

在高压实验中，常需要一个电源控制柜，利用该柜去控制电动机的升降，从而控制试验变压器的输出电压，以获得各种高电压实验所需的电压。

如图 4-29 所示。用低压电器控制电动机正、反转，从而调节动圈式调压器的线圈匝数，最终改变试验变压器的输入电压，即改变了输出电压。电机正、反转要设置上限和下限。

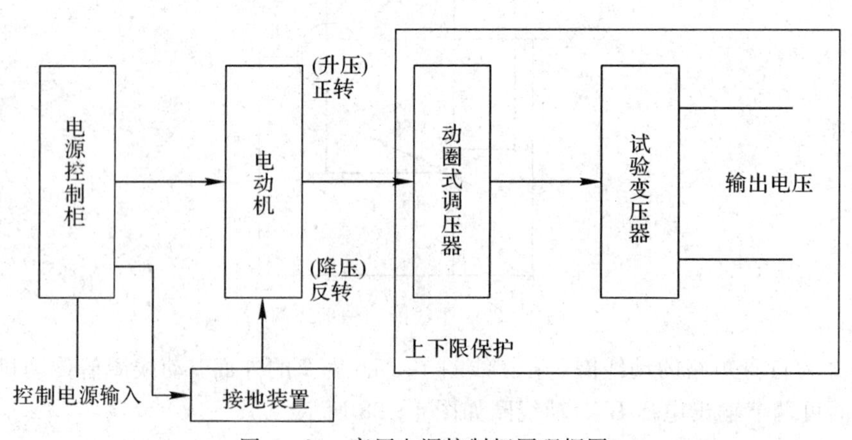

图 4-29　高压电源控制柜原理框图

3. 高压电源控制柜控制电路原理分析

高压电源控制柜控制电路原理图如图 4-30 所示。

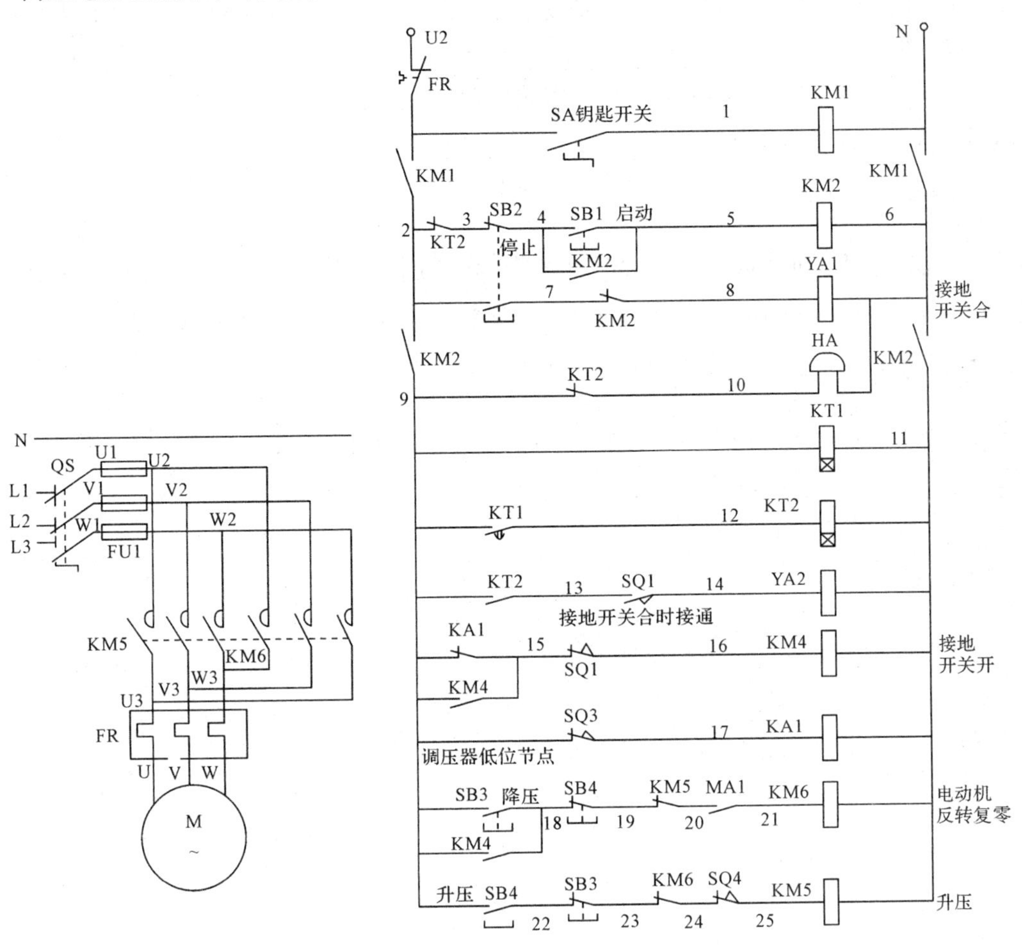

图 4-30　高压电源控制柜控制电路原理图

电动机的正、反转由 KM5 和 KM6 来控制，接触器 KM1 通过钥匙开关 SA 控制，将电源接入控制电路，由 SB3 和 SB4 来控制电机的正、反转，从而改变了动圈式调压器的线圈匝数，最终改变输出电压。

四、实验内容及步骤

(1) 元件安装：正确利用工具和仪表安装电气元器件，元器件在配线板上要求布置合理，安装准确、紧固。

（2）接线：接线要求美观、紧固、无毛刺，导线要进行线槽。电源和电动机配线、按钮接线要接到端子排上，进出线槽的每根导线两端要有端子标号。

（3）通电实验：目测并用万用表检查无误后，合上电源，控制电机正、反转，调节输出电压。操作过程中注意人身安全。

（4）调试分析，若出现故障，应根据电路原理、继电器动作状态、电动机运行情况分析并做出正确判断，直至排除故障。

五、实验注意事项

（1）每次接线、拆线或长时间讨论问题时，必须断开三相电源，以免发生触电事故。

（2）为减小电流和保证学生实验安全，建议将三相电源线电压调整至 220 V。

六、实验报告

（1）画出高压电源柜原理框图，要求：电气元件布局合理、连接准确，接线敷设平直；接线端排列合理，导线绑扎美观正确。

（2）总结实验收获与体会。

七、思考题

高压电源柜调节电压的工作原理是什么？

4.8 模仿工程背景的行车控制电路的设计、安装与调试

一、实验目的

(1) 认识常用控制电器，了解它们的功能。

(2) 掌握行程开关、时间继电器的使用方法。

(3) 根据实际工艺要求，培养设计与安装控制电路的能力。

(4) 根据实际工程中遇到的各种现象，培养分析问题与解决实际问题的能力。

二、实验仪器与设备

序号	名称	型号与规格	数量	备注
1	熔断器		5只	
2	三相交流电动机		2台	
3	自动断路器		1只	
4	交流接触器		5只	
5	中间继电器		3只	
6	时间继电器		2只	
7	警铃		1只	
8	复合按钮		6只	
9	行程开关		2只	
10	指示灯		1只	
11	热继电器		1只	
14	常用低压电工工具			一字(十字)螺丝刀、尖嘴钳、斜口钳、剥线钳、钢丝钳等
15	辅助器材			连接导线 BVR1.5 mm^2 20 米、BVR1 mm^2 10 米、号码管、行线槽、安装电路板、冷压端子等
16	数字式万用表		1台	

三、原理说明

模仿工程背景的行车控制电路的电路原理图如图 4 - 31 所示。

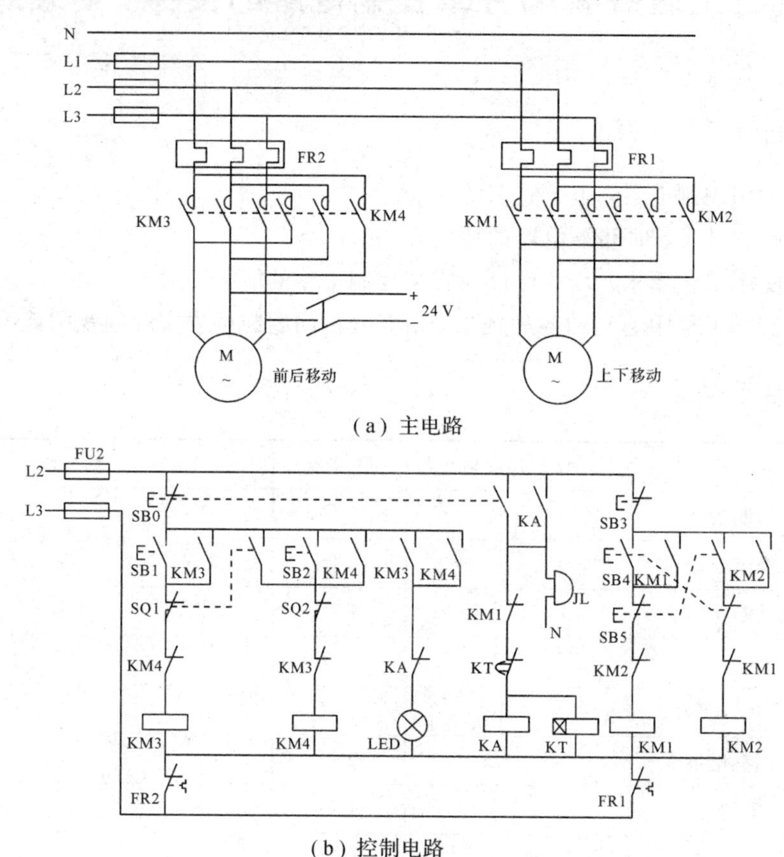

(a) 主电路

(b) 控制电路

图 4 - 31　行车控制电路原理图

按下 SB1，接触器 KM3 得电，KM3 常闭触点断开，对 KM4 实现互锁，KM3 常开主触点和常开辅助触点同时闭合，前后移动电机带动行车由起点向终点移动，当行车移动到终点 SQ1 位置时，SQ1 常闭触点断开，使接触器 KM3 断电，电机停转，SQ1 的常开触点闭合，接通 KM4，KM4 的常闭触点断开，对 KM3 实现互锁，KM4 常开主触点和常开辅助触点闭合，前后移动电机自动向起点移动，LED 指示灯一直常亮。期间，可随时按下 SB0，停止 KM3、KM4，KA 和 KT 线圈得电，KA 常闭触点断开，LED 灯灭，KA 的常开触点闭合自锁，JL 响铃提示，KA 常开主触点闭合，将直流 24 V 电源引入电动机的定子绕组，实现能耗制动。按下 SB4 或 SB5，接触器 KM1 或 KM2 闭合，导致移动电机向上或向下运行，提取重物。

四、实验内容及步骤

(1) 元件安装：正确利用工具和仪表安装电气元器件，元器件在配线板上要求布置合理，安装准确、紧固。元器件布局图如图4－32所示。按照图 4－32 将熔断器、交流接触器、热继电器、按钮、时间继电器、接线端子排、行线槽固定在配线板上。

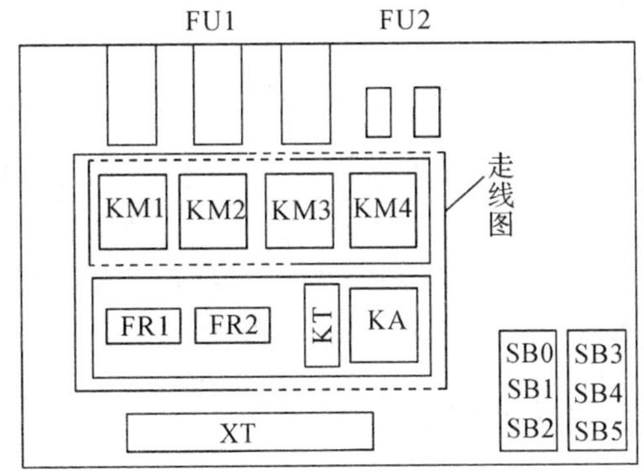

图 4－32　电气元件布局图

(2) 接线：接线要求美观、紧固、无毛刺，导线要进行线槽。电源和电动机配线、按钮接线要接到端子排上，进出线槽的每根导线两端要有端子标号。

(3) 通电实验：目测并用万用表检查无误后，经过仔细检查后进行通电实验。注意人身安全。

(4) 调试分析，若出现故障，应根据电路原理、继电器动作状态、电动机运行情况分析并做出正确判断，直至排除故障。

五、实验注意事项

(1) 每次接线、拆线或长时间讨论问题时，必须断开三相电源，以免发生触电事故。

(2) 为减小电流和保证学生实验安全，建议将三相电源线电压调整至 220 V。

六、实验报告

(1) 画出行车控制电路电气布局图，要求：电气元件布局合理、连接准确，接线端排列合理，导线绑扎美观正确。

(2) 总结实验收获与体会。

七、思考题

(1) 能耗制动的工作原理是什么？

(2) 行程开关如何安装？

4.9 三相异步电动机正、反转控制及能耗制动电路的设计与装调

一、实验目的

(1) 认识常用控制电器，了解它们的功能和适用范围。

(2) 掌握时间继电器、接触器的使用方法。

(3) 根据实际工艺要求，培养设计与安装控制电路的能力。

(4) 根据实际工程中遇到的各种故障现象，培养分析问题与解决实际问题的能力。

二、实验仪器与设备

序号	名　称	型号与规格	数量	备注
1	熔断器		5 只	
2	三相交流电动机		1 台	
3	交流接触器		5 只	
4	中间继电器		3 只	
5	时间继电器		2 只	
6	按钮		3 只	
7	直流 24 V 稳压电源		1 台	
8	热继电器		1 只	
9	常用低压电工工具			一字(十字)螺丝刀、尖嘴钳、斜口钳、剥线钳、钢丝钳等
10	辅助器材			连接导线 BVR1.5 mm^2 20 米、BVR1 mm^2 10 米、号码管、行线槽、安装电路板、冷压端子等
11	数字式万用表		1 台	

三、原理说明

1. 能耗制动的工作原理

能耗制动是在切断三相电源的同时，将一直流电源接到三相定子绕组的任意两相上，使电动机产生固定不动的磁场，此时，转子由于惯性作用继续旋转，根据右手定则和左手定则可判断出，转子感应电流与固定磁场相互作用产生的电磁转矩方向与转子旋转方向相反，起制动作用，称为制动转矩。因这种方法是将电动机转子的动能转化为电能并消耗在转子电阻上，所以称为能耗制动。

能耗制动的能量消耗小，制动平稳，无冲击，但需要直流电源。

2. 三相异步电动机正、反转控制及能耗制动电路的工作原理分析

三相异步电动机正、反转控制及能耗制动电路原理图如图 4 - 33 所示。

合上开关 QS，按下 SB2，SB2 常闭触点断开，对 KM2 互锁，SB2 常开触点闭合使接触器 KM1 线圈得电，KM1 常闭触点断开，对 KM2 和 KA、KT 实施互锁，KM1 常开主触点和常开辅助触点闭合，电动机 M 连续正转；按下 SB3，SB3 常闭触点断开，KM1 线圈断电，电动机正转停止，SB3 的常开触点闭合，使 KM2 线圈得电，KM2 的常闭触点断开，对 KM1 和 KA、KT 互锁，KM2 的常开主触点和辅助触点闭合，电动机反转连续运行。

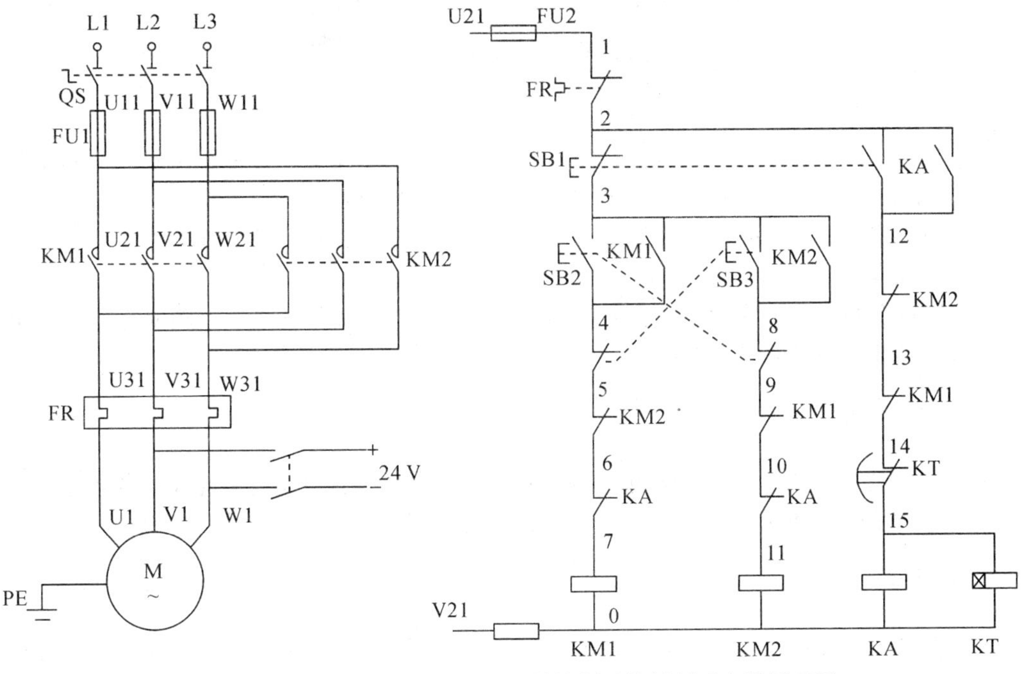

图 4 - 33　三相异步电动机正、反转控制及能耗制动电路原理图

按下停止按钮 SB1，SB1 常闭触点断开，断开 KM1 和 KM2 线圈电源，使电动机电源失电，但是由于惯性作用，电机没有立即停止；SB1 的常开触点闭合，使中间继电器 KA 和时间继电器 KT 线圈得电，KA 常闭触点断开，对 KM1 和 KM2 互锁，KA 常开触点闭合，将 24 V 直流电源引入电动机的任意两相绕组中，产生制动转矩，使电动机迅速停转，同时 KT 延时几秒之后，KT 常闭触点延时断开，使 KT 和 KA 都失电，整个过程结束。

四、实验内容及步骤

（1）元件安装：正确利用工具和仪表安装电气元器件，元器件在配线板上要求布置合理，安装准确、紧固。元器件布局图如图 4-34 所示。按照图 4-34 将熔断器、交流接触器、热继电器、按钮、时间继电器、接线端子排、行线槽固定在配线板上。

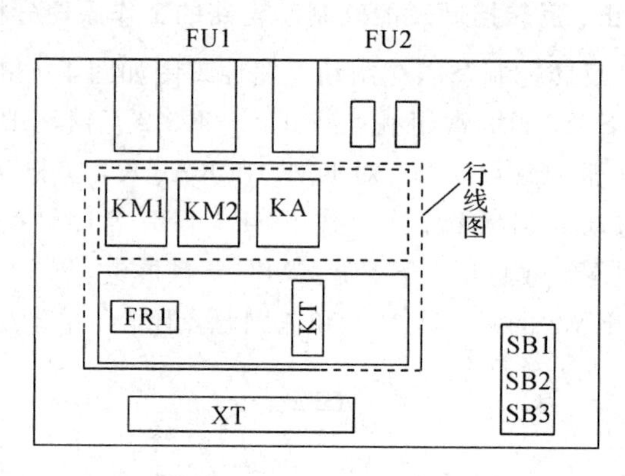

图 4-34　电气元件布局图

（2）接线：接线要求美观、紧固、无毛刺，导线要进行线槽。电源和电动机配线、按钮接线要接到端子排上，进出线槽的每根导线两端要有端子标号。

（3）通电实验：目测并用万用表检查无误后，经过仔细检查后进行通电实验。操作过程中注意人身安全。

（4）调试分析，若出现故障，应根据电路原理、继电器动作状态、电动机运行情况分析并做出正确判断，直至排除故障。

五、实验注意事项

（1）每次接线、拆线或长时间讨论问题时，必须断开三相电源，以免发生触电事故。

（2）为减小电流和保证学生实验安全，建议将三相电源线电压调整至 220 V。

六、实验报告

（1）画出三相异步电动机正、反转电气元件布局图，要求：电气元件布局合理、连接准确，接线敷设平直；接线端排列合理，导线绑扎美观正确。

（2）总结实验收获与体会。

七、思考题

（1）三相异步电动机的正、反转工作原理是什么？

（2）除了能耗制动之外，还有什么方式的制动措施？如何设计电路？

4.10 低压配电电路的安装

一、实验目的

(1) 三相四线制交流电源的认识。
(2) 学习安全用电知识，了解漏电保护原理和接地、接零常识。
(3) 熟悉电工常用工具和便携仪表的使用方法。
(4) 学习低压交流配电电路组件的合理安装和正确连接。

二、实验仪器与设备

序　号	名　称	型号与规格	数　量	备　注
1	电气控制柜		1 套	
2	电工用具		若干	
3	万用表		1 台	
4	指示灯		3 只	
5	旋钮		2 只	
6	按钮		3 只	
7	开关		1 只	
8	空气开关			
9	单向电度表		1 台	
10	熔断器		1 只	
11	漏电保护器		1 只	
12	兆欧表		一台	

三、原理说明

1. 电工常用工具和便携仪表

(1) 低压验电器(试电笔)。只要带电体与大地之间的电位差超过 50 V，试电笔中的氖泡就会发光。低压验电器的结构如图 4－35 所示。

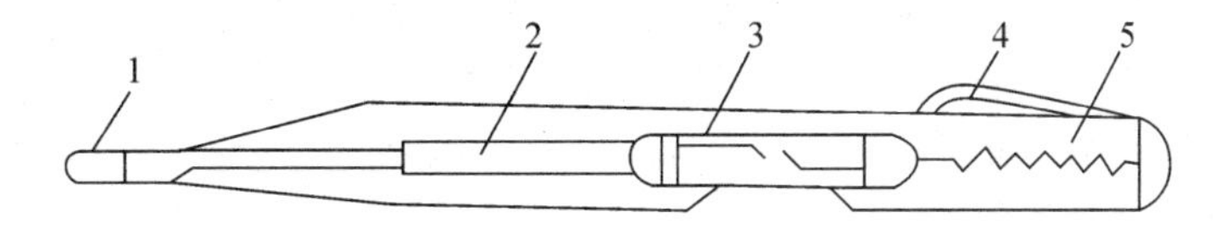

1—笔尖；2—降压电阻；3—氖管；4—笔尾金属体；5—弹簧

图 4－35　低压验电器结构

（2）单相电度表，如图 4－36 所示。

（3）MS8200G 型数字式万用表，如图 4－37 所示。

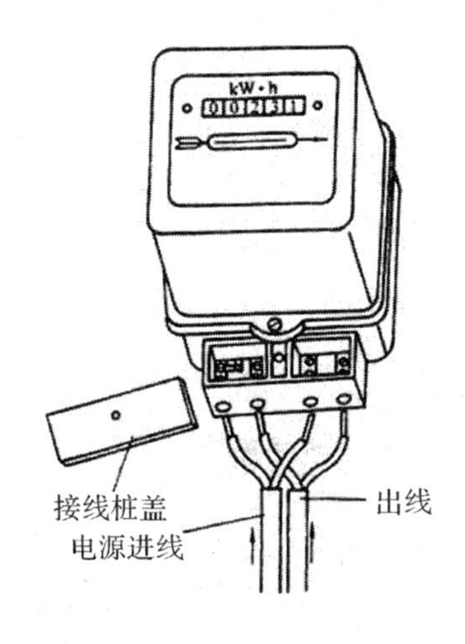

图 4－36　单相电度表（跳入式接线）

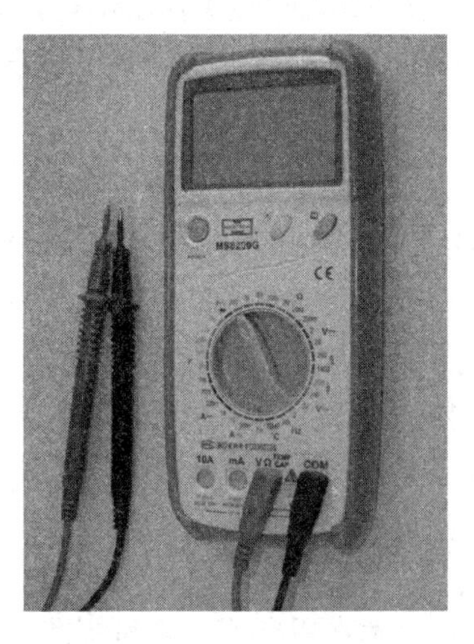

图 4－37　数字式万用表

（4）绝缘电阻表（兆欧表）。

① 使用绝缘电阻表前应进行校验，当接线端为开路时，摇动绝缘电阻表，指针应在“∞”位，将 E 和 L 短接起来，缓慢摇动绝缘电阻表，指针应在“0”位。

② 绝缘电阻表的转速应由慢到快，不得时快时慢。

③ 测量时使用的绝缘导线应为单根多股软导线，测量线不得扭结或搭接，且应悬空放置。

④ 测量前应使设备或线路断开电源，有仪表回路的要将仪表断开，然后进行放电。

⑤ 测量过程中，指针指向“0”位时则说明被测绝缘已破坏，应停止摇动绝缘电阻表，以免由于短路而烧坏绝缘电阻表。

2. 漏电保护器的结构和工作原理

1）工作原理

在正常情况下，相线和零线流过的电流大小相等、方向相反，合成电流矢量为零，零序电流互感器铁芯的磁通为零，其二次线圈无感应电压输出，漏电保护器的开关保持在闭合状态，线路正常供电。当发生触电等接地故障时，磁环内电流代数和不为零，在零序电流互感器中形成一个不为零的交变磁通，在其二次线圈产生电流流经脱扣器线圈。当电流达到规定值时，脱扣器动作，切断电源，起到触电保护的作用。

2）漏电保护器的选择

漏电保护器按电源有单相和三相之分，按极数有二、三、四极之分。漏电保护器应根据所保护的线路或设备的电压等级、工作电流及其正常泄漏电流的大小来选择。

家用电器配电线路宜选用动作时间为0.1 s以内、动作电流在30 mA以下的漏电保护器。

对于特殊场合，如220 V以上电压、潮湿环境且接地有困难，或发生人身触电会造成二次伤害时，供电回路中应选择动作电流小于15 mA、动作时间在10 ms以内的漏电保护器。

选择漏电保护器时应考虑灵敏度与动作可靠性的统一。

3. 低压熔断器选择

熔断器被串联在电路中，当电路发生短路或过负荷，电流超过熔断电流(一般为额定安全电流的1.3～2.1倍)时，因短路电流或过负荷电流的加热，使熔体在被保护设备的温度未达到破坏其绝缘之前熔断，电路断开，使设备得到保护。

熔断器内所用熔体的额定电流不可超过瓷件上标明的熔断器的额定电流。在正常工作时，熔体仅通过不大于额定值的负荷电流，其正常发热温度不会使它熔断。熔断器的其他部分，如触头、外壳等也会发热，但不超过它们的长期容许发热温度。

四、实验内容及步骤

(1) 熟悉常用电工工具和便携仪表的使用。用试电笔验电；用万用表测试交流电压、负载电阻阻值；用绝缘电阻测试仪(兆欧表)测试接线端子排与机壳的绝缘电阻；

(2) 了解漏电保护器的工作原理和具体接线。

(3) 画出单相配电电路接线图，如图4-38所示，并按图在开关柜中完成各电器的安装连接。要求：电度表、漏电保护器、熔断器(保险丝)、控制开关、灯座等电器布局合理、连接准确，接线敷设平直；接线端排列合理，导线绑扎美观正确。

(4) 用电灯作为负载，观测单相配电系统工作情况。

(5) 用一电阻与电灯串联作为负载，把负载接在火线与地线间，此时流过负载的电流为电击电流，来模拟人体触电状况，观察漏电保护器是否跳闸保护。

(6) 待老师验收实验结果后拆线，整理桌面，归还工具。

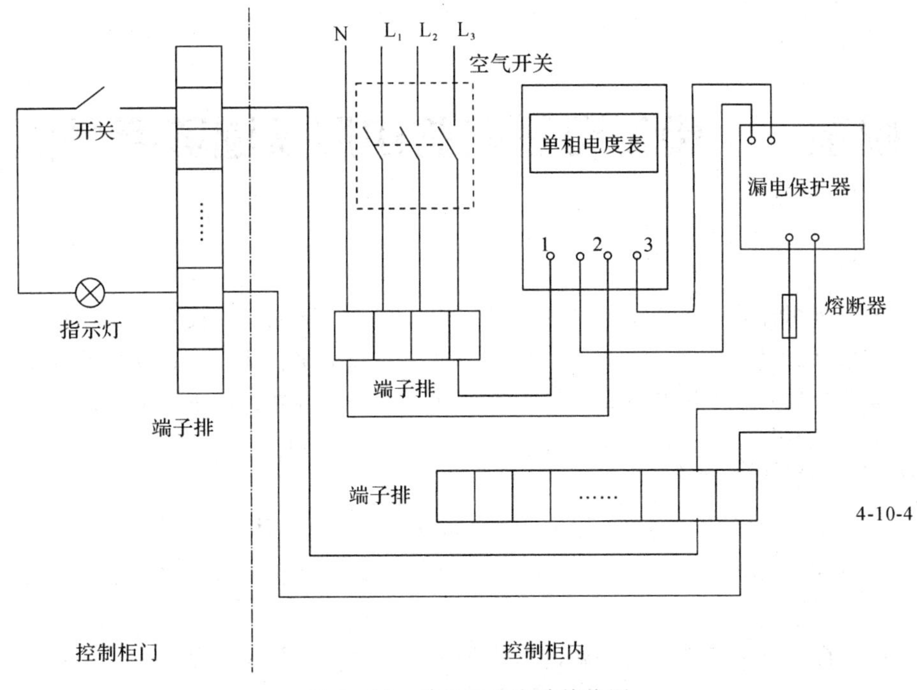

图 4-38 单相配电电路接线图

五、实验注意事项

电路连接后打开开关，如果灯不亮，用万用表测试，发现端子排与单相电度表之间没有示数。解决方法为拆掉硬线，重新接线，确保接触点连接牢固，则问题解决。

若解决问题以后灯一直亮，是由于开关连接错误，连到了常闭开关而不是旋钮，所以一直亮。解决方法是关掉电源，拆线重连。

六、实验报告

(1) 画出单相配电电路接线图。

(2) 总结实验的收获与心得。

七、思考题

漏电保护器如何进行选择?

附录一　电工电子实验中心实验教学要求

电工电子实验中心承担学校的电路原理、电工原理、模拟电子技术、数字电子技术、电子工艺等实验实训课程的教学，为了顺利完成实验任务，确保人身、设备安全，培养严谨、踏实、实事求是的科学作风和爱护国家财产的优秀品质，特制订以下实验要求。

一、实验教学的基本要求

(1) 正确使用常用电子仪器，如示波器、数字万用表、晶体管毫伏表、稳压电源等。

(2) 掌握基本的测试技术，如电压或电流平均值、有效值以及电子电路主要技术指标的测试。

(3) 具有查阅电子器件手册和在网上查询电子器件有关资料的能力。

(4) 初步具有分析、寻找和排除电子电路中常见故障的能力。

(5) 初步具有正确处理实验数据、分析误差的能力。

(6) 能独立写出严谨、有理论分析、实事求是、文理通顺、字迹端正的实验报告。

(7) 实验前必须充分预习，完成指定的预习任务。

二、预习要求

(1) 认真阅读实验指导书，分析、掌握实验电路的工作原理，并进行必要的估算。

(2) 完成各实验“预习要求”中指定的内容。

(3) 熟悉实验任务。

(4) 复习实验中各仪器的使用方法及注意事项。

三、实验规则

(1) 使用仪器、设备前必须了解其性能、操作方法及注意事项，在使用时应严格遵守。

(2) 实验时接线要认真，相互仔细检查，确信无误才能接通电源。初学或没有把握时应经指导教师审查同意后才能接通电源。

(3) 实验时应注意观察，若发现有破坏性异常现象(例如有元件冒烟、发烫或有异味)，应立即关断电源，保持现场，报告指导教师。找出原因、排除故障并经指导教师同意才能继续实验。如果发生事故（例如元件或设备损坏）应主动填写实验事故报告单，服从实验室和指导教师对事故的处理决定（包括经济赔偿），并自觉总结经验，吸取教训。

(4) 实验过程中需要改接线时，应关断电源后才能拆、接线。

(5) 实验过程中应仔细观察实验现象，认真记录实验结果(数据、波形及其现象)。必须将所记录的实验结果交由指导教师审阅签字后才能拆除实验线路。

(6) 实验结束后必须拉闸，并将仪器、设备、工具、导线等按规定整理好，才能离开实验室。

(7) 在实验室不得做与实验无关的事。

(8) 遵守纪律，不迟到、不乱拿他组的仪器、设备、工具、导线等。保持实验室内安静、整洁，爱护一切公物，不许在仪器设备或桌子上乱写乱画。

(9) 实验结束后每个同学都必须按要求完成一份实验报告。

四、实验报告要求

每次实验后每人必须独立完成一份实验报告。实验报告一般应包括以下内容：

(1) 原始记录(数据、波形、现象及所用仪器设备编号等)。原始记录应有指导教师签字才有效。

(2) 画出实验电路，简述所做实验内容及结果。

(3) 对原始记录进行必要的分析、整理。并将原始记录与预习时理论分析所得的结果进行比较，分析误差原因。

(4) 重点报告实验中体会较深、收获较大的一两个问题（如果实验中出现故障，应将分析故障、查找原因作为重点报告内容），详细报告其过程，说明出现过什么现象，当时是怎么分析的，采取了什么措施，结果如何，有什么收获或应吸取什么教训。

(5) 回答教材中指定的思考题。

实验报告封面上应写明实验名称、班号、实验者姓名、学号、实验日期和完成实验报告日期等，并将实验报告整理装订好，按任课教师指定的时间上交。

五、实验报告格式

一、实验目的

二、实验仪器设备

三、实验电路

四、实验步骤

五、实验数据，填写表格。

六、数据处理，理论值计算，实测值与理论值比较。

七、实验总结，此实验是否达到实验目的，本次实验误差原因分析(不可避免误差)。

六、仪器使用要求和注意事项

在电路基础实验中，最常用的电子仪器有示波器、信号发生器、万用表、毫伏表及直流稳压电源等，用以完成对实验电路的静态和动态工作状况的测试。

将电源插头插入 220 V 交流电源插座，接通电源开关，指示灯亮，表示交流电源已接入，电源应有输出，实验箱电源接通，示波器电源也接通。

注意事项：

(1) 输入信号与放大电路一定共“地”连接，以防干扰。

(2) 毫伏表量程开关置于低量程时，如果测试笔开路，由于外界干扰电压较高，容易使指针超量程而受损。通常将毫伏表的量程开关置于高量程处，等测试笔接入电路后再换小量程。

(3) 实验接线时不要带电操作，以免损坏设备或触电。

附录二　电工实验台结构及主要功能

电工实验设备由四部分组成，它们是通用电学实验台、实验台面、工具抽屉和元件储存柜。

一、主要功能

(1) 通用电学实验台。

① 三相保险座：整个实验台上的第一保护装置。

② 电源输入指示灯：指示三相四线电源和实验台的通断。

③ 漏电断路器：电源总开关，带漏电保护。

④ 电源输出指示：开关接通时，红、绿、黄指示灯亮。

⑤ 交流电压表：指示线电压。

⑥ 电压换相开关：用以观测三相电压对称与否。

⑦ 三相电源输出插口：由四个接线柱 U、V、W、N 组成一组三相四线制电源输出。

⑧ 函数发生器：输出正弦波、方波、三角波三种波形，其中正弦波输出幅值有表指示。

⑨ 脉冲源：输出一组单脉冲。

⑩ 直流稳压稳流电源：输出两路独立连续可调的直流稳压电源。

⑪ 5 V 直流稳压电源：输出电压 5 V，最大输出电流 0.5 A。

⑫ 低压交流电源：输出 3、6、9、12、15、18、24 V 交流电压。

⑬ 单相电源插座组：提供国内外几种标准的单相 220 V 电源插座。

⑭ 可调交直流电源：对外提供 0～250 V 连续可调交直流电压。

(2) 实验台面：装有实验通用底板，实验时固定元件单元盒及电气连接。

(3) 工具抽屉：放置实验工具、连接线、指导书等。

(4) 元件储存柜：放置实验元件盒等。

二、技术性能

(1) 三相四线制电源：电流 2 A，电压 380 V。

(2) 单相电源：每插口电流 1.5 A，电压 220 V。

(3) 低压交流电源：输出3、6、9、12、15、18、24 V低压交流电压。

(4) 可调交直流电源：电流1.5 A，电压0～250 V连续可调。

(5) 固定5 V直流稳压电源：最大输出电流0.5 A。

(6) 双路直流稳压、稳流电源：稳压输出0～30 V连续可调；稳流输出0～1.5 A连续可调。

(7) 脉冲信号源：提供正脉冲、负脉冲，拨一次“脉冲开关”输出一个脉冲波。

(8) 函数信号发生器。

① 频率：5 Hz～550 kHz分五挡粗调并有细调。

② 输出幅值：

正弦波：频率范围为20 Hz～55 kHz时输出电压幅值不小于4.5 V，频率范围为55～550 kHz时输出电压幅值不小于3.5 V。

三角波：空载时$V_{p\text{-}p}\geqslant 1$ V。

方　波：1 kΩ负载时$V_{p\text{-}p}\geqslant 3.5$ V。

(9) 漏电保护开关：三相四线式，额定电流3 A，漏电动作电流不大于30 mA。

三、使用说明

1. 实验台部分

(1) 接通三相四线电源，实验台左上方电源输入指示灯亮，漏电断路器往上打，设备即进入工作状态。

(2) 三相输入电压由电压表指示，转动换相开关即可观察三相电压对称情况(换相开关上标有AB、BC、AC、0。

(3) 双路直流稳压、稳流电源每路电压0～30 V连续可调，采用多圈电位器调节。

(4) 函数信号发生器：其输出频率有频率表指示，基本误差小于5%，频率选择有五挡粗调，并有细调，实验中需适当调节。正弦波输出幅值有表指示，根据实验要求来调节幅值。

(5) 脉冲源：使用时只需按动按钮就可在对应输出端子得到一对正、负脉冲。

(6) 0～250 V连续可调交流电源：有表头指示，顺时针调节电压上升。使用完毕应把电压调至零。

(7) 整流桥：0～250 V连续可调交流电源经整流桥后即可得相应的直流电压。

(8) 音频功率放大器：输入音频电压不低于2 mV，输出功率不小于1 W，音量可调，内有喇叭。

(9) 实验结束后应需把所有开关打至零位置，漏电断路器打至“下”位置。

2. 实验台面

实验台面上有通用实验底板，实验时根据电路的特点合理选择位置插入元件盒，元件盒插入拔出要轻、慢，大的元件盒需用双手垂直插拔。

3. 电路插拼方法

选择一个电路原理图，根据电路的内容，在元件储存板上取出电路图中所需的元件盒，在桌面上应垂直插拔，先插大面积的插座，后插小型插座，再用连接块及连接线连接成电路。插拼好后应对照电路图校对两次。

实验结束后元件盒及元件储存板应放回原处，以方便下次再用。

参考文献

[1] 唐介.电工学(少学时)[M].北京：高等教育出版社，2009.

[2] 秦曾煌.电工学简明教程[M].北京：高等教育出版社，2011.

[3] 吴根忠，顾伟驷.电工学实验教程[M].北京：清华大学出版社，2007.

[4] 马鑫金.电工实验技术[M].北京：机械工业出版社，2007.

[5] 王幼林.电工电子技术实验与实践指导[M].北京：机械工业出版社，2015.